JN100297

世界一
わかり
やすい

ChatGPT MASTER TRAINING COURSE

ChatGPT

マスター養成講座

田村 憲孝
TAMURA NORITAKA

まえがき

2023年の初頭、新たなツールの登場によってビジネス界は騒然となりました。AI（人工知能）の進化を象徴する一つの出来事、OpenAIによって開発された「ChatGPT」の登場です。これは単なる技術的な進歩以上の意味を持ち、私たちが情報を得て、共有する方法、さらには思考する方法自体に革新をもたらしました。その結果、新たな可能性が広がり、未来への扉がさらに大きく開かれることとなりました。

筆者自身、SNSのコンサルタントとして活動している中で、このChatGPTの力を借りて日々の業務を遂行しています。例えば、顧客からの多種多様な問い合わせに対して、瞬時に適切な情報を提供したり、ブランドの声を一貫したトーンで表現することが可能になりました。このように、人間の能力を補完し、業務を効率化する強力なパートナーとしてChatGPTは存在しています。

本書は、ChatGPTについて、その実態、可能性、そして活用方法を初心者の方でも理解しやすい形で解説したものです。AIについての知識がまったくない方でも、本書を手に取ればChatGPTが何であるか、そしてそれをどのように活用できるのかを理解することができるでしょう。

ChatGPTは、その学習能力と汎用性により、難解な技術や複雑なプログラムについての深い知識がなくても、誰でも気軽に使い始めることができます。そして、一見難しそうなAI技術も、実際に触れてみれば思っていたよりもずっと身近な存在であることに驚かされることでしょう。

私たちは、このChatGPTを活用することで、新たな価値を創出し、日々の生活をより豊かに、より便利にすることができます。それは、情報検索から教育、ビジネス、エンターテイメントまで、あらゆる分野での活動を

支援するツールとしての可能性を秘めています。本書では、その具体的な活用例も豊富に紹介しています。さらに、筆者自身がSNSコンサルタントとしてChatGPTを利用する中で得た経験やノウハウも共有します。それにより、読者の皆様が自身の状況に合わせてChatGPTを最大限に活用する道筋を描くことができるでしょう。

　本書を通じて、あなたがChatGPTの世界を理解し、自分自身で活用する一助となればこれ以上の喜びはありません。そして、あなた自身がAIの可能性を引き出し、未来を創造する一員となっていただければと思います。

Contents

もくじ

第 1 講

ChatGPTとは
どういうものか

第 **2** 講

ChatGPTを
使ってみよう（基本）

第**3**講

ChatGPTを
使い込もう（応用）

第 4 講

ChatGPTと
SNS（活用）

第5講

ビジネス現場で
利用するための
ChatGPTプロンプト集

ChatGPTの API

第 **7** 講

ChatGPTが
ビジネスに
革命を起こす

第 **1** 講

ChatGPTとは
どういうものか

1

ChatGPTとは どういうものか

話題のChatGPTをご存知ですか？ AI技術を利用した優れた言語理解能力を有し、文章生成や質問応答といった多様な用途に適用可能なツールがChatGPTです。

非常に優れた言語理解能力を持つChatGPT

　ChatGPTはAI技術を用いてテキストを生成するモデルです。具体的には「GPT」という手法を使っています。GPTは、「Generative Pre-trained Transformer（ジェネレーティブ・プリ・トレーニド・トランスフォーマー）」の略で、これは大量のテキストデータを学習して自然な文章を生成する能力を持つAIを指す言葉です。

　ChatGPTは、インターネット上の膨大なテキストデータを学習しています。学習の過程でさまざまな文脈や知識を吸収し、それをもとに会話や文章生成ができるようになっています。

　しかしここで気をつけてほしいのが、ChatGPTが学習しているデータは2021年9月までのものだということです。有料版ユーザーなら2023年5月に搭載されたブラウジング機能を活用するとインターネット上にある新しい情報を元にしたアウトプットが生成されますが、無料版を利用する際には注意して利用してください。

　ChatGPTには、自然言語処理（NLP）という人間が使う言語をコンピュータに理解させるための技術が用いられています。これがChatGPTが非常に優れた言語を理解する能力を持っている理由です。自然言語処理技術により、ユーザーが書いた文章を読み、その意味を理解して適切な返答ができるようになっているのです。

ChatGPTの便利な使い方の例

では具体的に、ChatGPTでは何ができるのでしょうか。ユーザーがどのようにChatGPTを利用しているのか、よくある使い方を紹介します。

①質問応答

何か調べたいことがあるなら、Google検索の代わりにChatGPTに質問してみてください。ChatGPTが適切な回答を提供してくれます。これまでググって探していたような一般的な知識や専門的な知識に対して、ChatGPTがかんたんに答えを示してくれます。

②文章の生成

ChatGPTは文章作成が得意です。記事やエッセイなど、さまざまなジャンルの文章を生成してくれます。指定したトピックやスタイルに合わせた文章を生成してくれるので、例えば自分の代わりにブログの文章を書いてもらうことも可能です。

③語学学習のサポート

英語をはじめ、さまざまな言語のサポートに利用できます。自分では理解できない言語の文章を理解してもらうこともできますし、会話の練習にも利用できます。

文法や単語や語彙などの質問にも答えてくれるので、読み書き問わず言語学習の強い味方になってくれます。

④コンテンツ作成

先に紹介した文章の生成に少し似ていますが、長文よりも短いキャッチーなコンテンツも作成できます。例えば、短い文章の中で注目を集めるソーシャルメディアの投稿文や、読者を引き込むようなキャッチコピーの作成、キャッチーな見出しや煽り文の作成に利用可能です。

⑤プログラミングやデータ解析のサポート

プログラミングやデータ解析のサポートもChatGPTの得意分野の一つです。プログラミング言語やデータ解析でわからないことが出てきたら、ChatGPTに質問してみましょう。コードのエラーを解決するヒントやアドバイスなどを教えてくれます。開発者にとって、ChatGPTは非常に重宝するツールです。

ChatGPT使用時の注意点

非常に便利なChatGPTですが、まだまだ発展途上のツールです。現状では未熟な面があることを念頭に置いて使用するようにしましょう。特に次の3点には気をつけましょう。

①情報の新しさに気をつける

ChatGPTの学習データは2021年9月までのものです。これ以降の最新の情報は持っていないので、最新の情報に関しては他の情報源を参照する必要があります。なお、有料プランで利用できるブラウジング機能やプラグイン機能を活用すると、新しい情報を参照することが可能になります。

②正確さと信頼性に気をつける

ChatGPTは時々正確ではない情報を返してきます。試しに自分の名前を入力して、「この人のプロフィールを表示してください」と訊ねてみてください。全然違う人のプロフィールやでたらめなプロフィールが出てくることがあります。

「ChatGPTは時々間違った情報を出してくる」ということを前提として使い、重要な情報に関しては他の信頼性の高い情報源と照らし合わせて使用するなど、使い方を工夫するようにしましょう。

③倫理的な問題に気をつける

明確な不正解でなくても不適切な答えを出してくることや、偏った情報を含む回答を出してくることがあります。開発側も対処するよう施策は練ってるようですが、偏った情報源を完全に排除するのは現状ではまだ難しいようです。

ChatGPTのプラグインとは

2023年5月から有料プランのChatGPT-4でプラグイン機能が使えるようになりました。プラグインとは、ChatGPTの機能を拡張する道具のようなものです。業務や情報収集の効率化などいろんな場面で活躍してくれる便利なプラグインがたくさんあり、好きなものを自分のChatGPTに追加できます。

プラグインを追加する

画面左下のアカウント名をクリックし、「settings」をクリックします。表示されたメニューから「Beta futures」を選び、「Plugin」をオンにします。これでプラグインが使えるようになりました。

トップページにプラグインアイコンが表示されました。これをクリックしてメニューから「Plugin store」を選ぶと、プラグインストアが表示されます。好きなプラグインの「install」ボタンをクリックするだけでChatGPTにプラグインが追加されます。追加済のプラグインはボタンの表示が「Uninstall」になります。プラグインを削除したい場合は「Uninstall」をクリックします。

ChatGPTの現状

AI技術は日々進化しています。2023年5月のChatGPTの現状とOpenAIの取り組みについて把握しておきましょう。

開発会社から見たChatGPT

執筆時（2023年5月）のChatGPTの現状についてお話しします。

開発会社のOpenAIについて

ChatGPTを開発しているのは、OpenAIという会社です。まずはOpenAIの現状からお話しします。OpenAIはAI技術を人類全体の利益に使うことをビジョンとしていて、安全で有益なAI技術の開発と普及に力を入れています。ChatGPTの研究成果やツールはどんどん公開されていて、他の研究者や開発者と協力して日々AI技術を進化させています。

ChatGPTのアップデート

OpenAIはChatGPTの性能向上のために、定期的なアップデートを行っています。アップデートによって生成される文章の質が向上し、より多様な用途で利用できるようになっているのは、ユーザーの知るところでしょう。アップデートのたびにユーザーや開発者からのフィードバックを受けて、バグの修正や機能追加も次々に行われています。

API

APIとは、サービスを他のウェブサービスやアプリケーションと連携するための仕組みです。ChatGPTのAPIはさまざまな業界や分野で活用されていて、ChatGPTを活用した新たなサービスがどんどん生まれている状況です。

例えば、企業のカスタマーサポートやFAQをChatGPTを使って自動化したり、ChatGPTを使ったコンテンツ生成ツールを公開したり、英語などの言語学習アプリにChatGPTが使われていたりと、さまざまな分野で利用されています。

ChatGPTコミュニティ

OpenAIはユーザーや開発者からのフィードバックを重視していると発言しており、フィードバックからChatGPTの問題点や改善点を明らかにして、より高品質なAIへと進化させる努力がされているのが見て取れます。

開発者やユーザーとコミュニケーションを取るためにコミュニティイベントやハッカソンを開催していて、これらのイベントでは新しいアイディアや提案がどんどん共有されているようです。

ChatGPTの機能拡張について

ChatGPTは精力的に性能の向上に取り組んでいるので、今後も新しい技術や手法を取り入れて文章生成の質や対応範囲がさらに向上していくと考えられます。

例えば、言語の幅はさらに広がっていくと期待されています。現状でも複数の言語に対応していますが、今後はさらに多くの言語に対応していくでしょう。

画像認識も期待されている機能の一つです。ChatGPTに画像を読み込ませて質問したり、画像に対してこちらが求めている答えを出してくれるような機能などとの統合などが検討されているようですので、今後はさらに多様な用途でChatGPTが利用できるようになると期待されています。

倫理的な問題への対応

OpenAIは、AI技術が倫理的に適切な形で利用されることを重視しています。そのため、不適切な内容の文章の生成を最小限に収めるための技術やポリシーについても開発を進めているようです。同時にAIの透明性や説明責任に関する取り組みも進められているようで、AIが安全に使われるため

に問題解決に取り組んでいます。

ユーザーから見たChatGPT

ここからはユーザーサイドから見たChatGPTの現状についてお話します。

使いやすいインターフェース

ChatGPTの利用には面倒な操作は必要なく、ウェブブラウザやアプリを使ってアクセスするだけで誰でもかんたんに利用できます。

対話形式のチャットのようなインターフェースになっていて、ユーザーは直感的に質問や文章生成を行えます。

また、ChatGPTが生成する文章は自然で理解しやすい言語になっており、人間のアシスタントと会話してるような形で文書を出してくれます。ユーザーにとって理解しやすく使いやすい作りになっているので、ユーザーはストレスなくAIとコミュニケーションを行えます。

フィードバック

先ほど開発側から見たフィードバックの項目でお話したとおり、ユーザーからのフィードバックはOpenAIがChatGPTを改善するうえで非常に重要な情報源になっています。

ユーザーは、ChatGPTが出してくれたアウトプットの一つ一つについて、個別でいい答えだったか悪い答えだったかのフィードバックを送れます。かんたんにワンクリックで開発側に伝えられる仕組みになっているので、ユーザーとして使用した場合は積極的にフィードバックを送ってあげてください。

ChatGPTユーザー間同士の情報交換も積極的に行われています。Twitterで少し検索しただけでも、ChatGPTの情報がどんどん出てきます。面白いのでぜひ検索してみてください。

Section

03 ChatGPTの魅力は どこにあるのか

ChatGPTの魅力はどこにあるのでしょうか。その高い文章能力や知識、拡張性など、ビジネスや個人利用で幅広く活用される理由を解説します。

機能面での魅力

ChatGPTの魅力はどこにあるのでしょうか。まずは機能面の魅力から紹介します。

高い文章能力

ChatGPTの魅力の一つ目はなんといっても文章生成能力の高さです。自然な文章生成は、人間が書いた文章と見分けがつかないほどのクオリティになっています。高品質な文章が短時間で生成されるため、ユーザーはストレスなくAIとコミュニケーションを行えます。

また、文章は多様なスタイルやトーンで生成できます。フォーマルな文章からカジュアルな文章まで、ユーザーの求めるニーズに合わせた文章を生成してくれます。しかもその方法は、「フォーマルな文章にしてください」「カジュアルな文章にしてください」とChatGPTに伝えるだけの非常にかんたんな操作です。

広い知識と応用力がある

ChatGPTが多くの質問に対して適切な回答を提供することができる理由は、ChatGPTのAIがインターネット上の情報や書籍を学習しているからです。ChatGPTには膨大な知識ベースがあり、あらゆる分野の知識を持っています。そしてその知識は、文章生成だけでなく多様なタスクに対応して

くれます。質問応答や文章の要約、言語翻訳や文章の構成、表の作成など
できることをあげたらキリがありません。ユーザーの使い方次第で、あら
ゆる場面で活躍してくれます。

無料で使える

　ChatGPTには有料のプランもありますが、無料プランでもChatGPTの機
能を充分に利用できます。インターネット環境さえあれば誰でもかんたん
にChatGPTの性能を体験できる手軽さもChatGPTの魅力の一つです。

拡張性が高い

　ChatGPTの提供するAPIを使って、ユーザーは独自のアプリケーションや
ウェブサービスを開発できます。これによってChatGPTを活用した新たな
サービスがどんどん生まれていて、さまざまな業界や分野で広がっていっ
ています。
　また、コミュニティの活発さもChatGPTの魅力です。先に述べたとおり、
OpenAIはユーザーからのフィードバックを大事にしているので、コミュニ
ティイベントやハッカソンから新しいアイディアが広がっています。

ビジネス活用での魅力

業務の時短効果

　特にビジネスシーンでは、ChatGPTの登場で利用者にたくさんのメリッ
トが生まれています。業務の時間を大幅に節約できるようになったことは、
最も大きなメリットの一つでしょう。
　これまで時間がかかっていた文章の生成やお客様からの質問への回答な
どは、ChatGPTが迅速に対応してくれるようになりました。ChatGPTに任
せたことで短縮できた時間は、他の重要な業務に使えるようになります。
　特にフリーランスなどこれまで一人で仕事をしていた人にとっては、も
はやアシスタントを雇用した状態のように感じるかもしれません。これま

で全部自分一人でやっていた作業の一部をChatGPTという優秀なアシスタントに任せることができます。

コスト削減

例えばこれまで文章作成や翻訳などの仕事を外注していた人や、専門の人間を雇っていた人にとっては、ChatGPTに任せることでコストカットが実現します。ChatGPTの登場が、人件費や外注費の削減につながるということです。

顧客満足度を上げる効果

ChatGPTのカスタマーサポートへの活用も効果的です。顧客からの質問への返答はChatGPTに訊いてみましょう。内容を参考にして回答することで、迅速に適切な対応ができます。顧客満足度の向上にもつながり、リピートビジネスや口コミによる集客が期待できます。

コンテンツマーケティングの効率化

記事やブログの執筆はChatGPTの得意分野なので、これを活用してコンテンツマーケティングを効率的に行えるようになりました。

魅力的なコンテンツを生成してもらうだけでなく、先述したようにトーンやスタイルを変化させることも可能なので、コンテンツのターゲットに応じたオリジナリティのある記事を作成できます。

データ解析とレポート作成

データ解析やレポート作成は頭を悩ませる仕事ですが、ChatGPTなら短時間でデータを処理してレポートの生成まで行ってくれます。

レポートが早くできれば意思決定も迅速になり、ビジネスにとってよい循環が生まれます。

私もソーシャルメディアのコンサルタントという仕事をしているので、これまでデータ解析やレポート作成に長い時間をかけていました。しかし、ChatGPTを使うようになってからはスムーズにまとめることができるよう

になり、格段にアウトプットの時間が短縮されました。

プラグイン紹介

おすすめのプラグインを紹介します。追加済みのプラグインは、「トップページのアイコンをクリック」→「使用したいプラグインにチェック」で使用できるようになります。

WebPilot

ウェブサイトの内容を要約してくれるプラグインです。プロンプトでURLを指定して「この記事を要約してください」と伝えるだけで記事の概要を把握できます。

World News

世界中のニュースを収集できるプラグインです。「ソーシャルメディアに関する最新ニュースを教えてください」などのプロンプトを使って最新の情報を収集できます。

Show Me

イメージ化が得意なプラグインです。例えば「ソーシャルメディア戦略構築のプロセスを図で示してください」と送ると、図と解説がアウトプットされます。

Speak

通常の翻訳ツールのような堅苦しい表現ではなく、自然な言い回しで言語を翻訳してくれるプラグインです。
プロンプト例『英語で問い合わせがありました。初めてやり取りするクライアントに自然な言い回しで以下の文章を英訳してください。（以下翻訳したい文章を入力）』

Section
04

ChatGPTの プランと機能

ChatGPTの無料プランと有料プランの違いや機能を紹介します。あなたがどのように活用するかによって、最適なプランを選ぶ方法は変わってきます。

ChatGPTの無料プラン

ChatGPTには無料プランと有料プランがありますが、文章生成や質問応答などの基本的な機能は無料で利用できます。コストをかけられない学生や個人事業主、小規模な組織でも手軽にAI技術を活用できる点は、ChatGPTというツールの大きなメリットです。

とはいえ無料プランにはいくつかの制限があります。

例えば1日あたりの利用回数や生成できる文章の長さ、入力できる文章の長さには制限が設けられています。また、APIは利用できません。無料ですべての機能が使えるとChatGPTのシステムに大きな負荷を与えるので、無料プランユーザーにはある程度の制限がかかるのは仕方がないことでしょう。

無料プランはChatGPTの機能をフル活用したい人には物足りなく感じるかもしれませんが、ChatGPTの基本的な使い方を学ぶには最適なプランです。無料プランでも性能を充分に理解できるので、安心して利用してください。

ChatGPTの有料プラン

2023年5月現在、有料プランの金額は月額課金制で20ドルです。1ドル

130円換算の現在のレートでは、日本円にして大体2,600円ぐらいになります。

　有料プランに加入すると、ChatGPTのすべての機能が利用できるようになります。APIへのアクセスも可能になり、カスタムモデルの作成もできるようになります。つまり、ChatGPTを組み込んだアプリケーションやウェブサービスを作成したい開発者は有料プランへの加入が必須です。

　開発者以外でも、特にビジネスにChatGPTを活用したい人には有料プランが選択肢になるでしょう。有料プランでは文字数などの利用制限も緩和され、多くの回数や長い文章を生成できます。

無料プランからはじめてみよう

　自分がChatGPTをどのように活用したいかによって、無料プランで充分なのか有料プランが必要なのかが変わっていきます。個人的な意見としては、ビジネスでChatGPTを活用をしようということであれば、有料プランの選択がベターだと思います。ただし、はじめてChatGPTに触れる方であれば、まずは無料プランからはじめることをおすすめします。

　無料プランでChatGPTを試してみて、さらに便利に使いたくなったら有料プランにアップグレードするとよいでしょう。

　無料プランから有料プランへのアップグレードはかんたんに行えます。また、有料プランにしたけれど不要だったと感じた場合のダウングレードも行えます。利用状況やニーズが変化した際に、有料と無料を柔軟に切り替えて利用していきましょう。

第 2 講

ChatGPTを
使ってみよう
（基本）

2

ChatGPTに
アクセスする

ChatGPTにアクセスし、アカウントを作成する方法を画像付きで詳しく説明していきます。これで無料プランのChatGPTを利用できるようになります。

ChatGPTを利用できる状態にする

それでは実際にChatGPTを使っていきましょう。まずはGoogleなどの検索エンジンで「ChatGPT」と検索します。「Introducing ChatGPT」と書かれているサイト名をクリックします。

ChatGPTのトップ画面が表示されます。画面上部の「product」をクリックし、その中の「ChatGPT」をクリックします。

　既にアカウントを持ってる場合は「Log in」をクリックしてログイン情報を入力してください。はじめて利用する人は右側の「sign up」をクリックします。

　メールアドレスを入力して、「continue」をクリックします。

続けて設定したいパスワードを入力し、「continue」をクリックします。次の画面で「人間であることを確認します」の表示が出たら、チェックを入れます。

画面に「メールボックスの方に情報が来ている」という内容が表示されているので、先ほど入力したメールアドレスのメールボックスを確認します。

メールが届いています。「Verify email address」というボタンをクリックします。

名前をアルファベットで入力し、「continue」をクリックします。

　電話番号を入力する画面が表示されるので、携帯の電話番号を入力します。終わったら「Send code」をクリックします。

　入力した携帯の番号にショートメッセージが届くので、届いた数字を画面に入力します。正しい数字を入力すると、自動的に画面遷移がはじまります。メッセージのポップアップが表示されたら、「Next」をクリックし

て進みます。

　この画面が表示されたら完了です。これでChatGPTが使えるようになりました。このChatGPTのバージョンは無料プランのChatGPT3.5です。

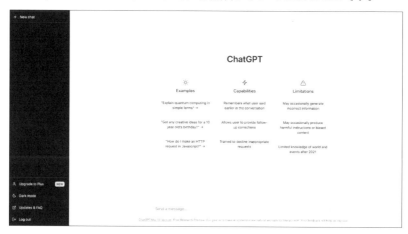

ChatGPTに質問する

ChatGPTのトップ画面から質問を投げかけてみましょう。ChatGPTは日常生活からビジネス活用まで、幅広い質問に対応可能です。

ChatGPTのトップ画面

ChatGPTを開くとこのような画面が出てきます。画面上部の「Model」と書いてある部分にはバージョンが表示されています。デフォルトではChatGPT3.5です。有料プランに加入している人は、ここからChatGPT-4を選択できます。

画面下部には、「Send a Message」と書かれた入力フォームがあります。ここがChatGPTへの指示を記入する欄です。

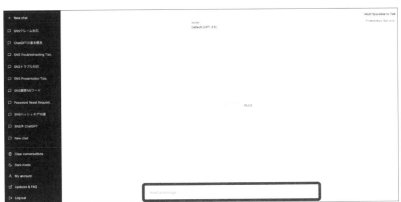

有料プランに加入している人は、画面上部からChatGPT-4に切り替えられます。

ChatGPTに質問する

画面下部の「Send a Message」と書かれた入力フォームにChatGPTに伝えたい文章を入力します。ここでは「ChatGPTは何が得意なんですか？」と入力しました。

このように、人間のアシスタントに話しかけるような伝え方で大丈夫です。入力が終わったら、右側のアイコンをクリックして送信します。

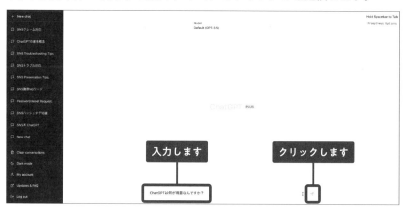

画面が切り替わり、すぐに答えが返ってきます。ChatGPTの得意なことを、わかりやすい文章で教えてくれました。

プラン出しをお願いする

　先ほどの質問より難易度を上げてみましょう。次はChatGPTにプラン出しをお願いします。「SNSコンサルタントとして集客するためには何をしたらいいんですか？」という質問をして、ビジネスのヒントをChatGPTに教えてもらいます。入力できたら送信をクリックします。

　SNSコンサルタントとして集客するためのアドバイスを返してくれました。このような質問にも柔軟に対応してくれるのがChatGPTです。

IN　SNSコンサルタントとして集客するためには何をしたらいいですか?

SNSコンサルタントとして集客するためには、以下のような方法があります。

1. ソーシャルメディアを活用する: SNS上で自分の専門知識やアドバイスを提供し、フォロワーを獲得することができます。また、自分自身がソーシャルメディアを使っていることが、自身の信頼性や専門性をアピールすることにも繋がります。
2. ブログの運営: SNSと同様に、自分の専門知識を提供することができます。SEO対策やコンテンツマーケティングを行うことで、ブログを通じて集客を増やすことができます。
3. セミナーや勉強会の開催: 自分の専門知識を提供することで、参加者から信頼を得ることができます。また、参加者が自分のサービスを利用したいと思うような、魅力的なセミナーや勉強会を開催することで、集客を増やすことができます。
4. リファラルマーケティング: 自分が提供するサービスに満足している顧客から、新たな顧客を紹介してもらうことで、集客を増やすことができます。顧客に満足してもらうためには、質の高いサービスを提供することが大切です。
5. ネットワークの活用: 自分と同じ業界や関連する業界の人とのつながりを広げることで、新たなビジネスチャンスを見つけることができます。LinkedInやFacebookなどのプラットフォームを使って、業界のコミュニティに参加することもおすすめです。

これらの方法を組み合わせることで、より効果的な集客が可能になります。また、集客だけでなく、サービス提供や顧客満足度向上にも注力することで、長期的なビジネスの成長に繋がると考えられます。

　いろんな質問を送って、ChatGPTからどんな答えが返ってくるのかを試してみましょう。日常生活のことから仕事に関わることまで、あらゆる質問に答えてくれます。

Section 03

文章を作成する

ChatGPTを使ってチラシの文章やブログ記事を作成する方法を紹介します。 具体的な指示を与えることで、よりオリジナルで質の高い文章を作成できます。

集客チラシの文章を作る

　ChatGPTに文章を作成してもらいましょう。ここでは、焼肉屋の新店舗を出店する際のチラシを作ってもらうことにします。ChatGPTに次のように入力します。

- あなたは新たにオープンする焼肉店の店主です。
- 店は新宿3丁目から徒歩7分です。
- お客さんを呼ぶためにチラシを作ります。
- チラシに記載する文言を考えてください。

　このように、ある程度具体的に入力することで、イメージどおりの文章を作ってもらいやすくなります。入力が終わったら送信をクリックします。

GPT-4 currently has a cap of 25 messages every 3 hours. Expect significantly lower caps, as we adjust for demand.

・あなたは新たにオープンする焼肉店の店主です。
・店は新宿三丁目から徒歩7分です。
・お客さんを呼ぶためにチラシを作ります。
・チラシに記載する文言を考えてください。

焼肉店のチラシに書くような文章が返ってきました。このままチラシにしていいような集客チラシの文言が出てきたのがわかると思います。

IN
・あなたは新たにオープンする焼肉店の店主です。
・店は新宿三丁目から徒歩7分です。
・お客さんを呼ぶためにチラシを作ります。
・チラシに記載する文言を考えてください。

新宿三丁目から徒歩7分！美味しい焼肉の新名所が誕生！

――――――――――――――――――――

＼＼ 新宿焼肉パラダイス が遂にオープン！／／

――――――――――――――――――――

【新宿三丁目徒歩7分！絶品焼肉が楽しめるお店】

おいしさと楽しさが詰まった焼肉の新スポット！
当店自慢の厳選された国産牛をお楽しみください！

◆◇◆ オープン記念特典！◆◇◆
期間限定！このチラシを持ってご来店いただくと、
全てのお客様にデザート1品プレゼント！

≪メニューの一部をご紹介≫
・特選カルビ
・上ロース
・ハラミ
・タン塩
・ホルモン
・野菜盛り合わせ
・冷麺
・ビビンバ
・飲み放題プランもご用意！

【店舗情報】
店名：新宿焼肉パラダイス
住所：東京都新宿区新宿3-xx-x
営業時間：17:00～24:00（L.O.23:30）
定休日：無休

新宿焼肉パラダイスで、極上の焼肉をお楽しみください！
皆様のご来店を心よりお待ちしております。

文章を修正する

　出力が終わった後、修正したい箇所があれば追加で修正指示を行います。ここでは先ほどの集客チラシの文章を修正してもらいたいと思ったので、次のように追加で指示を出しました。

- 営業時間を18:00-23:00に変更してください。
- 開店キャンペーンで特選カルビが20%オフであることも記載してください。

　このように具体的なコマンドを送ることによって、前回の文章を書き直してくれます。書き終わったら送信しましょう。

【店舗情報】
店名：新宿焼肉パラダイス
住所：東京都新宿区新宿3-xx-x
営業時間：17:00〜24:00（L.O.23:30）
定休日：無休

新宿焼肉パラダイスで、極上の焼肉をお楽しみください！
皆様のご来店を心よりお待ちしております。

↻ Regenerate response

・営業時間を18:00-23:00に変更してください。
・開店キャンペーンで特選カルビが20%オフであることも記載してください。

　追加で送った要望を織り込んだ文章が出てきました。営業時間が修正され、特選カルビ20%オフという情報も追加されています。

・営業時間を18:00-23:00に変更してください。
・開店キャンペーンで特選カルビが20%オフであることも記載してください。

新宿三丁目から徒歩7分！美味しい焼肉の新名所が誕生！

―――――――――――――――――――

\\ 新宿焼肉パラダイス が遂にオープン！//

―――――――――――――――――――

【新宿三丁目徒歩7分！絶品焼肉が楽しめるお店】

おいしさと楽しさが詰まった焼肉の新スポット！
当店自慢の厳選された国産牛をお楽しみください！

◆◇◆ オープン記念特典！◆◇◆
期間限定！このチラシを持ってご来店いただくと、
全てのお客様にデザート1品プレゼント！

＋＋＋ 開店キャンペーン！＋＋

≪メニューの一部をご紹介≫
・特選カルビ（20%オフ！）
・上ロース
・ハラミ
・タン塩
・ホルモン
・野菜盛り合わせ
・冷麺
・ビビンバ
・飲み放題プランもご用意！

【店舗情報】
店名：新宿焼肉パラダイス
住所：東京都新宿区新宿3-xx-x
営業時間：18:00〜23:00（L.O.22:30）
定休日：無休

新宿焼肉パラダイスで、極上の焼肉をお楽しみください！
皆様のご来店を心よりお待ちしております。

ブログ記事を作る

　次はブログに投稿する記事を書いてもらいましょう。例えば、次のように入力して初心者向けのChatGPT解説記事を書いてもらいます。

- あなたはSNSコンサルタントです。
- ソーシャルメディアとChatGPTの関連性についてのブログを書きます。
- 2000文字程度で、初心者にもわかりやすく書いてください。

書き終わったら送信をクリックします。

新宿焼肉パラダイスで、極上の焼肉をお楽しみください！
皆様のご来店を心よりお待ちしております。

↻ Regenerate response

・あなたはSNSコンサルタントです。
・ソーシャルメディアとChatGPTの関連性についてのブログを書きます。
・2000文字程度で初心者にもわかりやすく書いてください。

このようにアウトプットが長い場合は途中で止まってしまう場合があります。そういう場合は、「続けて」と入力して送信をクリックします。

IN ・あなたはSNSコンサルタントです。
・ソーシャルメディアとChatGPTの関連性についてのブログを書きます。
・2000文字程度で初心者にもわかりやすく書いてください。

タイトル：ソーシャルメディアとChatGPT: 未来のコミュニケーションへのアプローチ

はじめに

ソーシャルメディアは、現代社会においてコミュニケーションの主要な手段となっています。一方で、AI技術の発展により、人工知能とのコミュニケーションも現実のものとなり

☐ Stop generating

Send a message ...

3. ソーシャルメディアとChatGPTの関連性

ソーシャルメディアとChatGPTの関連性は、主に以下のような点に現れています。

(1) コンテンツ生成の効率化
ソーシャルメディア上でのコンテンツ生成は、企業や個人にとって重要な課題です。ChatGPTは、ユーザーの要求に応じて文章を生成することができるため、効率的なコンテンツ制作を支援します。例えば、広告文案やブログ記事の作成、SNS投稿のキャプションなど、さまざまな用途で活用が可能です。

(2) カスタマーサポート

↻ Regenerate response

つづけて|

続きのアウトプットがはじまり、最後まで書き終わりました。最初から確認すると、指定したとおりの2000文字程度の文章を書いてくれました。

(3) ソーシャルリスニング
ソーシャルリスニングとは、ソーシャルメディア上の情報を収集・分析し、その結果をビジネスやマーケティングに活用することです。ChatGPTは自然言語処理技術を活用して、大量のソーシャルメディアデータを効率的に解析することができます。これにより、企業は市場の動向や顧客ニーズを的確に把握し、戦略の最適化が可能となります。

(4) 人間とAIの協働
ソーシャルメディア上では、人間とAIが協働してコンテンツ生成やコミュニケーションを行うことがますます重要になってきます。ChatGPTは、人間の発信する情報に対して、適切な言語処理を行い、より効果的な対話ができるようサポートします。これにより、ソーシャルメディア上での情報発信や意見交換が円滑に進みます。

まとめ

ソーシャルメディアとChatGPTは、現代社会においてコミュニケーションをより効果的に行うための重要な要素です。両者の関連性を理解し、適切に活用することで、ビジネスやマーケティングの効果を最大化できます。今後もソーシャルメディアとAI技術の進化に注目し、新しい価値創造や情報発信の方法に挑戦していくことが求められます。

↻ Regenerate response

Send a message...

さらに細かい指定も可能

　今回は細かいオーダーは入れませんでしたが、もっと詳細な指定をすることで記事のオリジナリティを上げられます。

　オーダーが少ないほど記事の内容は一般論寄りになっていくので、オリジナル記事にしたいならオーダーを増やしてみましょう。例えば今回の記事の場合なら、「ChatGPTの解説をもっと詳しく説明してください」や「まとめのところは一般の方にもわかりやすいように書き直してください」のように追加の命令を出して書き直してもらうこともできます。

　実際に自分でやってみると、ブログにそのまま掲載してもいいくらいの高いクオリティだとわかります。ChatGPTを使っていろんな文書を作ってみてください。

文章の推敲と校正

ChatGPTを利用して文章の推敲や校正を行う方法を紹介します。具体的な指示を与えることで、誤字や脱字の修正、文体の変更などが可能です。

文章をコピペして校正してもらう

ChatGPTは文章の推敲と校正も得意としています。実際にやってみましょう。推敲してほしい文章をそのままコピペするのではなく、最初に命令を書きます。ここでは次の2文を書きました。

- この文章を正しい文体に修正してください。
- 誤字や脱字があった場合は正しく修正してください。

この2つのメッセージの後にENTERキーを押して改行します。1行空けたあと、修正してほしい文章をコピペします。

GPT-4 currently has a cap of 25 messages every 3 hours. Expect significantly lower caps, as we adjust for demand.

・この文章を正しい文体に修正してください。
・誤字や脱字があった場合は正しく修正してください。

1行空けてコピペします

文章を貼り付けたら、送信しましょう。

GPT-4 currently has a cap of 25 messages every 3 hours. Expect significantly lower caps, as we adjust for demand.

ト様にお勧めするのは普及してからで全然だいじょうぶ派です。

マス○ドンとかクラブ○ウスとか、つかってみたけど全然人にはすすめません。そのほかにも騒がれてるけどおすすめしていないものがいろいろありますが、怒られそうなので書きません。

ただ、最近話題のChatGPTをはじめとしたAIツールは、そろそろ使っておいた方がいいです。ChatGPTに関する情報を発信しているのはまだまだアーリーアダプターな方が多いようですが、超文系ITオンチでかついつも「人手がたりなーい」という方こそ使うべきです。

ChatGPTが文章を校正してくれました。元の文章と比べてみると、細かいところまで修正されているのがわかります。少しの手直しは必要になるかもしれませんが、これも使えるChatGPTの便利技の一つです。

 ・この文章を正しい文体に修正してください。
・誤字や脱字があった場合は正しく修正してください。

こんにちは。生身の田村です。基本新しいものがでてきても、自分では使ってみるけどクライアント様にお勧めするのは普及してからで全然だいじょうぶ派です。

マス○ドンとかクラブ○ウスとか、つかってみたけど全然人にはすすめません。そのほかにも騒がれてるけどおすすめしていないものがいろいろありますが、怒られそうなので書きません。

ただ、最近話題のChatGPTをはじめとしたAIツールは、そろそろ使っておいた方がいいです。ChatGPTに関する情報を発信しているのはまだまだアーリーアダプターな方が多いようですが、超文系ITオンチでかついつも「人手がたりなーい」という方こそ使うべきです。

 こんにちは。田村さんの生の声ですね。基本的に新しいものが登場しても、自分で試してみるものの、クライアント様にお勧めするのは普及してからで、全然大丈夫という派閥です。

マストドンやクラブハウスなど、試してみたものの、全く人には勧めていません。その他にも話題になっているけれどおすすめしていないものがいくつかありますが、怒られそうなので書きません。

ただ、最近話題のChatGPTを始めとしたAIツールは、そろそろ使っておいた方が良いと思います。ChatGPTに関する情報を発信しているのは、まだまだアーリーアダプターな方が多いようですが、超文系ITオンチで、かついつも「人手が足りない」という方こそ使うべきです。

⟳ Regenerate response

長い文章を短くまとめる

ChatGPTを使って長い文章を短く要約する方法を解説します。5W1Hを利用して要約を得ると、さらに効率的な情報整理が可能です。

文章を要約してもらう

ChatGPTに長い文章を要約してもらうという使い方をしてみましょう。「次の文章を要約してください」と記入し、改行して1行空けてから要約してほしい文章をコピペします。

GPT-4 currently has a cap of 25 messages every 3 hours. Expect significantly lower caps, as we adjust for demand.

次の文章を要約してください。

1行空けてコピペします

ChatGPT Mar 23 Version. ChatGPT may produce inaccurate information about people, places, or facts

文章を貼り付けたら、送信をクリックします。

GPT-4 currently has a cap of 25 messages every 3 hours. Expect significantly lower caps, as we adjust for demand.

次の文章を要約してください。

こんにちは、田村です。7月より講師のみなさんのご協力をいただきながら、SNSマネージャー養成講座を展開しています。

すでに100名を超える方にご受講いただいており、受講生のみなさんならびにご協力頂いたみなさんには感謝しかありません。

ChatGPT Mar 23 Version. ChatGPT may produce inaccurate information about people, places, or facts

　ChatGPTが要約した文章を返してくれました。1500〜2000文字ほどの文章を短くまとめてくれているのがわかります。内容的には少し手直しが必要な部分もありますが、最初から自分で考えるよりはかなりの時間短縮につながっています。

ご担当者さん
・SNSに関するお仕事に就きたい学生さん
・SNSに関する基本知識は十分にあるが、それを第三者に証明できるようにしておきたい方
・SNSの知識を身につけかつそれを証明できるようにしておきたい、WEBプロモーションの専門家の方

◆受講してもメリットは少ないケース
・SNSに関する基本知識は十分に持っており、かつ第三者に説明できる実績もすでにある方

といったところでしょうか。

まだまだこの講座について説明が不足しているかもしれません。今後もさまざまなご意見を頂くことがあると思います。必要に応じて私の考えをアウトプットしていきます。

田村氏は7月からSNSマネージャー養成講座を展開しており、100名以上が受講済みです。講座はビジネス関係者に向けて、SNSの本質を理解することを目的としています。受講後のアンケートでは多くの満足の声が寄せられていますが、「簡単すぎて役に立たない」という意見もあります。これは、既にSNSの基本を理解している方にとっては新しい情報が少ないためです。ただし、講座を受講することで第三者にSNSの基本知識を持っていることを証明でき、試験に合格すれば認定証も得られます。この講座は、SNSの基本知識がない方やビジネスでのSNS利用経験がない方にメリットがありますが、既に十分な知識と実績がある方にはメリットは少ないと言えます。

5W1Hで要約してもらう

　次は文章を5W1Hで要約してもらいます。まずは次のように記入します。

目的：記事・文章の要約
Text：以下の文章を読み、5W1Hで要約してください。
Text：

最後の「Text：」の後ろに要約してほしい文章をコピペして、送信をクリックします。

う意見もあります。これは、既にSNSの基本を理解している方にとっては新しい情報が少ないためです。ただし、講座を受講することで第三者にSNSの基本知識を持っていることを証明でき、試験に合格すれば認定証も得られます。この講座は、SNSの基本知識がない方やビジネスでのSNS利用経験がない方にメリットがありますが、既に十分な知識と実績がある方にはメリットは少ないと言え**ます**

↻ Regenerate response

目的：記事・文章の要約

Text: 以下の文章を読み、5W1Hで要約してください。

Text: ━━━━━━━━━━━ 要約してほしい文章をコピペします

指示どおりに5W1Hで要約してくれました。このようにアウトプットの形を選択することで、うまく要約機能を使えます。

の専門家の方

◆受講してもメリットは少ないケース
・SNSに関する基本知識は十分に持っており、かつ第三者に説明できる実績もすでにある方

といったところでしょうか。

まだまだこの講座について説明が不足しているかもしれません。今後もさまざまなご意見を頂くことがあると思います。必要に応じて私の考えをアウトプットしていきます。

 要約：

誰が: 田村氏
何を: SNSマネージャー養成講座を開催
いつ: 7月から現在まで
どこで: オンライン講座を中心に
なぜ: ビジネスに関わるすべての人にSNSの本質と基本を理解してもらうため
どのように: 講師の協力を得ながら、初級SNSマネージャーの養成を目指し、試験に合格した者には認定証を発行

また、講座はSNSの基本知識を持っていることを第三者に証明できるようにすることが意義の1つであり、受講するとメリットがあるケースとメリットが少ないケースがあることを明らかにしています。

文章を異なるスタイルやトーンに変更する

Section 06

ChatGPTを用いて文章のスタイルやトーンを変更する方法を紹介します。「です・ます」調を「だ・である」調に修正する、小学生向け文章に変更するなどができます。

「だ・である」調に文章を変更する

ChatGPTは文章のスタイルやトーンを変更することも得意です。ここでは、「です・ます」調の文章を「だ・である」調の文章に修正してもらいましょう。まずは次の文章を入力します。

● 次の文書を「だ・である」と言い切る形式に変更してください。

入力が終わったらENTERキーで改行し、1行空けてから変更してほしい文章をコピペして、送信をクリックします。

GPT-4 currently has a cap of 25 messages every 3 hours. Expect significantly lower caps, as we adjust for demand.

次の文章を「だ」「である」と言い切る形式に変更してください。

こんにちは、田村です。7月より講師のみなさんのご協力をいただきながら、SNSマネージャー養成講座を展開しています。

すでに100名を超える方にご受講いただいており、受講生のみなさんならびにご協力頂いたみなさんには感謝しかありません。

ChatGPT Mar 23 Version. ChatGPT may produce inaccurate information about people, places, or facts.

ChatGPTが文章を変更してくれました。文章を見比べると、各文末が「だ・である」調にすべて変わっているのがわかります。例えば、「SNSマネージャー養成講座を展開しています」というところが「SNSマネージャ

一養成講座を展開している」というふうに変わっています。

> ⅠN　次の文章を「だ」「である」と言い切る形式に変更してください。
>
> こんにちは、田村です。7月より講師のみなさんのご協力をいただきながら、SNSマネージャー養成講座を展開しています。
>
> すでに100名を超える方にご受講いただいており、受講生のみなさんならびにご協力頂いたみなさんには感謝しかありません。
>
> SNSマネージャー養成講座は、規模業種問わずすべてのビジネスに関わる人に向けて、SNSの本質を知ってもらおうと、多くの方のご協力を得ながら毎週オンライン講座を中心に開催しています。
>
> 毎回講座修了後、受講生のみなさんにアンケートをご記入頂いているのですが、大多数の方はご満足頂いており、方向性は間違っていなかったとホっとしております。
>
> ⑤　田村である。7月より講師のみなさんのご協力を得て、SNSマネージャー養成講座を展開している。　👍 👎
>
> すでに100名を超える方が受講しており、受講生のみなさんとご協力いただいたみなさんには感謝の念にたえない。
>
> SNSマネージャー養成講座は、規模業種を問わずすべてのビジネスに関わる人に向けて、SNSの本質を理解してもらおうと、多くの方の協力を得て、毎週オンライン講座を中心に開催しているものである。
>
> 毎回講座修了後、受講生にアンケートの記入を依頼しており、大多数の方が満足しているため、方向性は正しかったと安堵している。

小学生向けの文章に変更する

　同じ文章を小学生向けに変更します。次の文章を入力し、送信をクリックします。

- 小学生にもわかる文章に変更してください

毎回講座修了後、受講生にアンケートの記入を依頼しており、大多数の方が満足しているため、方向性は正しかったと安堵している。

⟲ Regenerate response

小学生にもわかる文章に変更してください。

ChatGPTが文章を変更してくれました。「こんにちは、田村だよ」というように子供に目線を合わせたフレンドリーな表現に変わっているのがわかります。

田村である。7月より講師のみなさんのご協力を得て、SNSマネージャー養成講座を展開している。

すでに100名を超える方が受講しており、受講生のみなさんとご協力いただいたみなさんには感謝の念にたえない。

SNSマネージャー養成講座は、規模業種を問わずすべてのビジネスに関わる人に向けて、SNSの本質を理解してもらおうと、多くの方の協力を得て、毎週オンライン講座を中心に開催しているものである。

毎回講座修了後、受講生にアンケートの記入を依頼しており、大多数の方が満足しているため、方向性は正しかったと安堵している。

小学生にもわかる文章に変更してください。

こんにちは、田村だよ。7月から先生たちと一緒に、SNSマネージャーの勉強を教えているよ。

もう100人以上の人が勉強しに来てくれて、みんなに感謝しているんだ。

SNSマネージャーの勉強は、いろんな仕事の人に向けて、SNSの大切なことを教えるために、たくさんの人と協力して、毎週インターネットで教えているんだよ。

勉強が終わったあと、みんなにアンケートに答えてもらっているんだけど、たくさんの人が満足していて、やっていることが正しいと思って安心しているんだ。

これを応用して、「年配の方に理解していただくように」などさまざまなパターンが使えます。ケースによって使い分けていくといいでしょう。

Section
07

複数言語を翻訳する

ChatGPTを活用して複数の言語を翻訳する方法を説明します。翻訳結果をさらに自然な表現に手直しすることで、効率的な翻訳が行えます。

日本語に翻訳する

　ChatGPTを使って言語を翻訳してみましょう。まずは翻訳で最も使われる英語から試してみましょう。次の文章を入力してから改行し、1行空けてから翻訳してほしい英文を貼り付けて送信をクリックします。

> 次の英文を日本語に翻訳してください。

GPT-4 currently has a cap of 25 messages every 3 hours. Expect significantly lower caps, as we adjust for demand.

次の英文を日本語に翻訳してください。

There are so many tools available nowadays to help enhance social media performance, it's important to discuss what is important to look for in tools that end up being used. Of course, I'm going to show you which tools I find most useful in this course, but in this video, instead of just handing you some fish to fry, I'd like to teach you how to do some fishing yourself. Here are top five elements that you should look for when vetting social media tools.

　翻訳された日本語の文章が表示されました。英語独特の表現がうまく日本語になっていないところは手直しが必要です。

Model: GPT-4

IN 次の英文を日本語に翻訳してください。

There are so many tools available nowadays to help enhance social media performance, it's important to discuss what is important to look for in tools that end up being used. Of course, I'm going to show you which tools I find most useful in this course, but in this video, instead of just handing you some fish to fry, I'd like to teach you how to do some fishing yourself. Here are top five elements that you should look for when vetting social media tools.

最近はソーシャルメディアのパフォーマンスを向上させるためのツールがたくさんありますので、どのツールを使うべきかについて話し合うことが重要です。もちろん、このコースでは私が最も便利だと思うツールを紹介しますが、このビデオではたんに魚を揚げる方法を教えるのではなく、自分で釣りをする方法を教えたいと思います。ここでは、ソーシャルメディアツールを選定する際に探すべきトップ5の要素をご紹介します。

他の言語でも同じように翻訳できます。ここではドイツ語の文章を日本語に翻訳してもらいました。

IN 次のドイツ語の文章を日本語に翻訳してください

Ich möchte dir nun die Metapher vorstellen, mit der wir in dieser Weiterbildung arbeiten werden, und nach dieser Metapher werde ich dir dann sieben Fragen stellen. Lass uns direkt einsteigen, und zwar hätte ich gerne, dass du die Social-Media-Plattformen als Städte betrachtest, also wir vergleichen das jetzt mal mit dem Offline-Leben.

今度は、この研修で使用するたとえ話を紹介し、そのたとえ話に基づいてあなたに7つの質問をします。さっそく始めましょう。ソーシャルメディアプラットフォームを都市と見なしてほしいのです。つまり、オフラインの生活と比較してみましょう。

↻ Regenerate response

ドイツ語から英語に翻訳する

同じ方法で、日本語以外の言語同士での翻訳もできます。まずは次の文章を入力します。

このドイツ語の文章を英文に翻訳してください。

　改行し、1行空けてから翻訳してほしいドイツ語の文章を貼り付けて送信をクリックします。

　翻訳された英文が表示されました。ドイツ語と英語は文法が似ているので、日本語に訳したときよりも自然な形で訳される印象です。主要な言語であれば対応しているので、わからない言語の文章をChatGPTで翻訳してみましょう。

<table>
<tr><td>Section</td></tr>
<tr><td>08</td></tr>
</table>

情報収集に活用する

情報収集が手軽にできるChatGPTを使って、難解な言葉を簡潔な表現で理解しやすく説明してもらいましょう。ChatGPTを使いこなせば素早く知識を得られます。

わからない言葉を調べる

ChatGPTでは、アシスタントに喋りかけるような手軽さで情報収集ができます。イメージとしては隣にすごく物知りのアシスタントがいるような感じで、この優秀なアシスタントに何かを訊くとすぐに詳細を教えてくれます。

方法はかんたんで、知りたいことを入力するだけです。ここでは「NATOとは何ですか？」と入力し、送信をクリックしました。

GPT-4 currently has a cap of 25 messages every 3 hours. Expect significantly lower caps, as we adjust for demand.

NATOとはなんですか？

ChatGPT Mar 23 Version. ChatGPT may produce inaccurate information about people, places, or facts

ChatGPTがNATOについて教えてくれました。ニュースを観ているときやビジネス文書を見ているときにわからない言葉が出てきたら、このようにChatGPTに訊ねるといいでしょう。

NATO（北大西洋条約機構）は、1949年に設立された軍事同盟で、北アメリカとヨーロッパの国家が参加しています。NATOの主な目的は、加盟国の相互防衛を通じて、平和と安全を維持することです。加盟国は、いずれかの加盟国が武力攻撃を受けた場合、これを共同の脅威と見なし、必要な場合には軍事行動をとることができます。これは、NATOの基本原則である第5条によって規定されています。

NATOは冷戦時代には、主にソビエト連邦とその同盟国であるワルシャワ条約機構と対立する形で成立しましたが、現在は世界的な安全保障課題や危機管理に取り組んでいます。その活動には、対テロリズム、平和維持活動、紛争後の復興支援、人道支援などが含まれます。また、NATOは加盟国間の協力を促進し、軍事能力を向上させることを目指しています。

わかりやすく説明してもらう

　難しい言葉を調べた際に、その解説を読んでも理解できないことがあります。そのような場合は、追加で「もう少しわかりやすい表現で教えてください」と入力して送信します。

もう少しわかりやすい表現で教えてください。

もちろんです。NATO（北大西洋条約機構）は、簡単に言えば、国々が集まって「お互いを守り合おう」と約束したグループです。このグループには主にヨーロッパと北アメリカの国々が参加しています。

NATOのルールでは、もし一つの国が他の国から攻撃を受けたら、それは全ての国に対する攻撃とみなされます。つまり、一つの国が攻撃されたら、他の全ての国がその国を守るために力を合わせます。

このグループは1949年に作られ、その目的は主に、当時のソビエト連邦（今のロシア）からヨーロッパを守ることでした。しかし、今日ではテロリズムやサイバー攻撃など、さまざまな新たな脅威に対しても対応しています。

　このようにアウトプットがわかりにくいときは一旦詳細な情報を出してもらってから、わかりやすい表現に変えてもらうという使い方ができます。特に人に伝える言葉を選ぶ場合などにはとても役立ちます。

第 3 講

ChatGPTを
使い込もう
（応用）

プロンプトを設計する

プロンプト設計の重要性を学び、効果的なChatGPTとのコミュニケーションを実現しましょう。具体的な指示や文脈、回答形式の指定がポイントです。

プロンプトとは何か

「プロンプト」とは、ChatGPTに与える入力文、命令文のことです。ChatGPTはプロンプトに応答して回答や文章を生成してくれるので、こちらの送るプロンプトの内容によって生成する文章の質と内容が大きく変わってきます。ChatGPTを使いこなすためには、プロンプトの設計が大事だということです。

プロンプト作成の基本

プロンプトはChatGPTとのコミュニケーションの基本です。効果的なプロンプトを作成するために、次の5つのポイントを意識しましょう。

ポイント❶ クリアで具体的な指示をする

ChatGPTは与えられたプロンプトに従って文章を生成するので、プロンプトは具体的かつ明確な内容にしましょう。具体性が乏しいプロンプトで指示を出すと、ほしい回答が生成されません。

例えば、「スムージーの作り方を教えてください」のような曖昧な指示では、何を材料にしたスムージーのことをいっているかわかりません。「バナナを使ったかんたんなスムージーレシピを教えてください」のように、具体的に伝えてあげましょう。

ポイント❷ 文脈を明確にする

プロンプトの文脈を明確にすることで、より適切な回答を得られます。例えば、「有名なルネサンス記のイタリアの画家について教えてください」というように、知りたい時代と国などの背景情報を指定して正しく伝えるようにします。

他にも「日本語を母国語とする人が英語を学ぶ際の注意点について教えてください」と伝えれば、日本語話者にとっての英語学習の課題に関する回答が得られます。もしもここで「英語を学ぶ際の注意点を教えてください」という曖昧な伝え方をしていたら、求めたものとは違う答えが返ってくるでしょう。

ポイント❸ 回答形式を指定する

ChatGPTに回答形式を指定してあげると、適切な形で文章を生成してくれます。

例えば、「日本の観光地を3つ紹介してください」と入力すると、3つの観光地をリスト形式で回答してくれます。

「アイスクリームの歴史について簡潔に説明してください」と入力すると、短い文章でアイスクリームの歴史に関する情報が得られます。逆に、「簡潔に」の部分を「詳しく」と伝えれば、詳細に情報を教えてくれます。これを利用して「ブログに掲載するので1500文字程度で背景を含めて詳細に記載してください」というプロンプトを入力することで、記事にもなるような長文を書いてもらうことも可能です。

ポイント❹ 何度も試行錯誤する

ChatGPTからの回答に対して「こういうことを知りたいんじゃないんだけどな？」と思ったことがある人も多いでしょう。ChatGPTは予期していない、求めていない回答を返してくることがよくあり、自分にとって完璧なプロンプトを一発で出せる人はほとんどいません。

何度も繰り返してプロンプトを最適な形に編集していくことが大事です。

何度でもプロンプトを調整できるのがChatGPTのよい点なので、適切な回答が得られるまで試行錯誤を繰り返しましょう。調整していく過程でどんなプロンプトなら最適な回答を生成してくれるかを理解できるようになるはずです。「うまくいったな」と思ったプロンプトはメモ帳やEvernoteなどで保存しておき、繰り返し使えるようにしておきましょう。

ポイント❺ 具体的な文章を伝える

　ChatGPTには具体的な文章を与えなければいけません。プロンプトは複数回に分割して入力することも可能なので、会話しながら調整することもできます。

　例えば最初に短い質問を投げかけてから、次にその回答に続く形で別の質問を追加で入力するような形でプロンプトを調整すると、より深い会話が展開できます。

　以上がChatGPTのプロンプト作成の際のポイントです。具体的な方法は、本章でこれから紹介していくので、ChatGPTを課題解決やコンテンツ作成に役立ててください。プロンプトの作成には想像力が試されます。楽しみながら学んでいきましょう。

ビジネスメールの文面を作成する

Section
02

ビジネスメール作成に苦手意識を持つ人は、ChatGPTを活用して効率的かつストレスフリーでビジネスメールを作成しましょう。

ビジネスメールの文章をChatGPTに書いてもらう

ビジネスメールの文章作成が苦手だというビジネスパーソンはChatGPTを活用しましょう。これまでビジネスメールの書き方や言葉使いを調べながらメールを書いていた人は、ChatGPTにメールの下書きを作ってもらうだけでかなりの時間が節約できるようになるでしょう。効率よくストレスなく、取引先等にビジネスメールを書けるようになります。

ChatGPTはあなたのアシスタントですから、詳細な命令を伝えればビジネスメールの雛形を出してくれます。ただし、あくまで雛形なので最後は自分で確認し、相手に合わせて編集をして、求めていた形のメールを作り上げてください。

ビジネスメールの作成方法

ビジネスメールを作っていきましょう。ここでは例として、次のようなプロンプトを入力します。実際に使う際には、ご自身の職種や伝えたいことに変換して入力してください。

あなたは小売店株式会社スワローの仕入れ担当者の田中です。
以下の制約条件のキーワードをもとに、最高のビジネスメールを書いてください。

- 株式会社ウエブタイガーの田村さん宛
- 納期が遅れると聞いているが納品日の目処を教えてほしい

条件
- キーワードを取り残さない。
- 文章を簡潔にしてください。
- 丁寧な文章で書いてください。

キーワード：
- お忙しいところ大変申し訳ない。
- 納期について改めて確認をしたい。
- 可能な限り月内納品を希望している。

　このように、プロンプトの最初に誰が誰に出すメールなのか、何を伝えるためのメールなのかを伝え、その後に詳細を書いていくとわかりやすいプロンプトになります。

　次にどういうメールにしてほしいかの条件と、入れてほしいキーワードを書いていきましょう。ここでは、取引先に納期についての相談をしているので、「お忙しいところ大変申し訳ない」と謝罪する言葉もメールに含めるように伝えています。

　プロンプトの入力が終わったら送信します。

GPT-4 currently has a cap of 25 messages every 3 hours. Expect significantly lower caps, as we adjust for demand.

あなたは、小売店株式会社スワローの仕入れ担当者の田中です。
以下の制約条件とキーワードをもとに、最高のビジネスメールを書いて下さい。

・株式会社ウェブタイガーの田村さん宛
・納期が遅れると聞いているが、納品日の目処を教えてほしい

条件
・キーワードを取り残さない。

ChatGPT Mar 23 Version. ChatGPT may produce inaccurate information about people, places, or facts

メールの文章が返ってきました。先ほど箇条書きになっていた部分がメールの文章になっているのがわかります。件名までしっかり作ってくれています。

 件名: 納期についての確認とお願い

田村様、

お忙しいところ大変申し訳ないですが、株式会社スワローの田中と申します。本日は納期について改めて確認したいことがございます。

先日お伺いしたところ、納品が遅れる可能性があるとのことでしたが、納品日の目処をお教えいただけますでしょうか。弊社としましては、可能な限り月内納品を希望しております。

お手数をおかけいたしますが、ご回答いただけると大変助かります。どうぞよろしくお願い申し上げます。

株式会社スワロー
仕入れ担当 田中

メールの文章を修正する

ビジネスメールは表現や細かい要素に気を付けなくてはならないので、アウトプットに気になる点があれば修正していきましょう。

私の場合は、「お教えいただけますでしょうか」という表現が気に入らなかったので、違う文章に書き直してもらいたいと思いました。これを修正してもらうために、追加のプロンプトを記入します。

> **お教えいただけますでしょうかという表現を違う表現に変えてください。**

入力が終わったら送信します。

　改めて文面がアウトプットされました。元々は「納品日の目処をお教えいただけますでしょうか」となっていた文章が、「納品日の見込みをお知らせいただけると助かります」という表現に変わっているのがわかります。好みの問題もあるのですが、私はこちらのほうが自然だと感じたので、この文章をコピーして使うことにします。

Section

03

ブレインストーミングに利用する

独創的なアイデアを求めるなら、ChatGPTを活用したブレインストーミングがおすすめです。一人でも高速で想定外のアイデアが得られ、あらゆる業種で活用可能です。

ChatGPTのブレインストーミングのメリット

　ブレインストーミングとは、数人のメンバーが自由にアイデアを出し合って自由な発想で解決策を集める会議手法です。新製品やサービスの開発、マーケティング戦略の策定、問題解決など、あらゆる分野のアイデア出しで役立つ手法になっています。ChatGPTを使ったブレインストーミングには次のようなメリットがあります。

一人でもブレインストーミングができる

　フリーランスや個人事業主など一人で仕事をしている人は、そもそも相手がいないので、ブレインストーミングができませんでした。今後はChatGPTを使うことで、一人でもブレインストーミングで新しいアイデアを見つけることができます。

高速でアウトプットされる

　人間同士で行うブレインストーミングは時間がかかります。人間はどうしてもいい意見に辿り着くまで「うーん」と考える時間が必要ですが、AIはそうではありません。これからはChatGPTが一瞬でアイデアをアウトプットしてくれます。

いい意味で想定外のアウトプットが出てくる

　ChatGPTをブレインストーミングに使った経験がある人ならわかると思

うのですが、ChatGPTでのブレインストーミングは、発想の方向が一方に偏らず、いい意味で思いもつかなかった想定外のアウトプットが出てきます。

　自分では絶対出てこなかったようなアウトプットが出てくると、そこをヒントにしてさらにアイデアが広がることも多いです。プロンプトによるところも多いですが、ChatGPTは人間よりもアイデアの抜け漏れが少ないと感じます。

ChatGPTでブレストをしよう

　いいアウトプットをしてもらうためには、効果的な要素を盛り込んだプロンプトが必要になります。具体的なChatGPTのブレインストーミングの例を見てみましょう。次のプロンプトを入力して、送信をクリックします。

> 私たちは大阪駅近くでお好み焼き屋を営んでいます。このお店の強みを生かした告知方法を考えています。アイディアを10つ出してください。

GPT-4 currently has a cap of 25 messages every 3 hours. Expect significantly lower caps, as we adjust for demand.

私たちは大阪駅近くでお好み焼き屋を営んでいます。このお店の強みを活かした告知方法を考えています。アイデアを10つ出してください。

ChatGPT Mar 23 Version. ChatGPT may produce inaccurate information about people, places, or facts

　たった2行の命令だけで、10個のアイディアを出してくれました。

私たちは大阪駅近くでお好み焼き屋を営んでいます。このお店の強みを活かした告知方法を考えています。アイデアを10つ出してください。

大阪駅近くでお好み焼き屋を営むお店の強みを活かした告知方法として、以下のアイデアを提案します。

1. SNSでの積極的な投稿: InstagramやTwitterなどのSNSを使って、美味しそうなお好み焼きの写真や動画を投稿し、口コミを広げましょう。
2. 駅周辺の広告: 大阪駅周辺の看板やポスター、デジタル広告などを活用して、お店の存在をアピールしましょう。
3. 地元のイベントへの参加: 大阪駅周辺で開催されるイベントやフェスティバルに出店し、お好み焼きの試食を提供してリピーターを増やしましょう。
4. コラボ企画: 地元の有名店や観光スポットとコラボした限定メニューやキャンペーンを企画し、話題性を狙いましょう。
5. 駅ナカでの試食販売: 大阪駅内でお好み焼きの試食販売を行い、通行人にお店の味を実感してもらいましょう。
6. 期間限定メニュー: 季節の食材を使った期間限定メニューや、イベントにちなんだメニューを企画し、リピーターを増やしましょう。
7. クーポン配布: 大阪駅周辺の観光案内所やホテル、ショッピングモールなどでお得なクーポンを配布し、集客を促進しましょう。
8. ローカルメディアへの露出: 地元のテレビ番組やラジオ、新聞などのメディアに取り上げてもらい、お店の認知度を上げましょう。
9. オリジナルグッズの販売: お店のロゴ入りのエプロンやうちわ、缶バッジなどのオリジナルグッズを作成し、お客様に販売しましょう。これにより、お客様がお店の宣伝役となります。
10. 外国人観光客向けの情報発信: 大阪駅周辺には多くの外国人観光客が訪れます。外国語対応のメニューやウェブサイト、

⟳ Regenerate response

これを見たうえで、さらに要望を出してみましょう。次のプロンプトを送信します。

店舗でできるイベントがいいです。改めて10つのアイディアを出してください。

すると、さらに10個のアイディアを出してくれました。

IN　店舗でできるイベントがいいです。改めて10のアイデアを出してください。

店舗で開催できるイベントに関する10のアイデアを以下に提案します。

1. お好み焼き教室: お客様が自分でお好み焼きを作る体験ができる教室を開催し、楽しさと技術を伝えましょう。
2. コラボイベント: 地元の有名店やアーティストとコラボレーションし、限定メニューやライブパフォーマンスを提供しましょう。
3. 季節のイベント: 桜の季節には花見イベント、夏にはビアガーデン、冬にはイルミネーションなど、季節感を楽しめるイベントを開催しましょう。
4. テーマデイ: 一定期間、特定のテーマに沿ったメニューやインテリアでお店を演出し、お客様に新鮮な驚きを提供しましょう。
5. 地元食材フェア: 地元の食材を使ったお好み焼きや創作料理を提供するイベントを開催し、地元の魅力を伝えましょう。
6. クッキングショー: シェフが目の前でお好み焼きを調理し、お客様にその技術や魅力を披露するイベントを開催しましょう。
7. お子様向けイベント: 子どもたちが楽しめるメニューやワークショップを企画し、家族連れに優しいお店としてアピールしましょう。
8. ランチタイムイベント: ランチタイム限定の特別メニューやセットを提供し、お昼の集客を増やしましょう。
9. ゲストシェフイベント: 他のお店や地域の有名シェフを招いて、特別なコラボメニューやトークショーを開催しましょう。
10. 味わいのコンテスト: お客様が投票できるお好み焼きのコンテストを開催し、新しいメニュー開発やお客様とのコミュニケーションを図りましょう。

　この中で7番のお子様向けイベントがいいなと思ったので、ここをさらに深掘っていくことにします。次のプロンプトを送信します。

7のお子様向けイベントがいいですね。お子様向けのメニューはどんなものがいいでしょう？5つあげてください。

　すると、お子様向けメニューがアウトプットされました。

　子どもたちに人気のキャラクターをデザインしたお好み焼きなど、見ているだけでも新しいアイデアが生まれそうです。さらに深掘りしていってもいいですし、「他にもっとないですか？」と追加で質問してもいいでしょう。

あらゆる職種で使える

　今回はお好み焼き屋さんをサンプルにしましたが、どんな業種でもこの手法が使えるので、ぜひご自身のビジネスに活用してください。

　私は情報発信をする仕事をしているので、ブログのアイデアやネタ出しをブレインストーミングで考えてもらっています。企業のマーケティング担当者なら、商品を多くの人に広めるためにどのメディアを使ったらいいのか、どういう切り口で打ち出したらいいのかなど、いつものブレインストーミングに加えてChatGPTともブレインストーミングをすると、面白いアイデアが出てくるかもしれません。

04

広告コピーを制作する

ChatGPTがあれば、広告コピー作成に困ることはもうありません。繰り返し修正しながら最適なコピーを作成し、SNS投稿などの場面で役立てましょう。

ChatGPTがコピーライターになってくれる

ChatGPTの使い方がわかる人は、これから広告コピーの作成に困らなくなります。ただし、ChatGPTが一発で素晴らしいコピーを出してくれることは稀です。ChatGPTが出してきたものを修正しながら最適化していく方法で作成するのをおすすめします。

広告コピーを作成する

広告コピーを作ってみましょう。ここでは例として飲み物のサイダーのコピーを作成します。

どんな答えが返ってくるのかを見たいので、あえて具体的でないプロンプトからはじめてみます。次のプロンプトを入力し、送信をクリックします。

炭酸飲料タイガーサイダーの広告コピーを作成してください。

GPT-4 currently has a cap of 25 messages every 3 hours. Expect significantly lower caps, as we adjust for demand.

炭酸飲料「タイガーサイダー」の広告コピーを作成してください。

ChatGPT Mar 23 Version. ChatGPT may produce inaccurate information about people, places, or facts

アウトプットが返ってきました。商品名の「タイガー」に絡めて、「獰猛」や「野生」のようなコピーが入っていいます。

情報を追加・修正する

これをもとに、修正していきましょう。アピールしたい商品の情報を追加したいので、次のプロンプトを入力します。

この要素を加えて改めてアウトプットしてください。
- 暑い日に多くの人に飲んでもらうことを目的
- キーワードは甘くておいしい気分スッキリ

「甘くておいしい」や「暑い日に最適」などのキーワードが盛り込まれました。

理想に近くなりましたが、もっと爽やかなイメージにしてほしいので、「獰猛」や「ジャングル」などのキーワードを使わないようなコピーにしたいと思いました。さらに命令を出してみましょう。

> 獰猛・ジャングルなどのキーワードを省いて、全体的に爽やかな文体にしてください。

このプロンプトでアウトプットされたコピーを見ると、だいぶ雰囲気が変わったのがわかります。元の暑苦しい感じがなくなり、爽やかなイメージになりました。

| IN | 獰猛・ジャングルなどのキーワードは省いて、全体的にさわやかな文体にしてください。 |

夏の新感覚！さわやかな炭酸飲料「タイガーサイダー」が暑い日に贈る涼風！

●暑い日にぴったり！タイガーサイダーが夏の熱を吹き飛ばし、多くの人々に心地よい涼を届けます。

♨あまくておいしいフルーツフレーバー！タイガーサイダーがあなたの喉を瞬時にさわやかにさせる！

☀暑さに負けないエネルギーを解き放ち、気分スッキリ！清涼感あふれるオアシスのような爽快感を味わおう。

暑い日を乗り越えるあなたに、タイガーサイダーがさわやかなスパークをもたらします。

☀夏の暑い日に大勢で集まり、タイガーサイダーで乾杯しよう！一緒に楽しく盛り上がろう！

タイガーサイダーで、暑い日もさわやかに過ごそう！今すぐ涼しさを味わおう！

SNSのコピーを作成する

先ほど作った広告コピーをSNSに投稿しましょう。これもChatGPTにやってもらいます。次のプロンプトを入力して、送信します。

SNSで注目されるような表現にしてください。

↻ Regenerate response

SNSで注目されるような表現にしてください。

ChatGPT Mar 23 Version. ChatGPT may produce inaccurate information about people, places, or facts

SNS用ということで、先ほどのコピーとはだいぶ異なった雰囲気でアウトプットされました。ハッシュタグがついているなど、SNS向けの表現になっているのがわかります。

IN　SNSで注目されるような表現にしてください。

🌟 夏の新星登場　さわやか炭酸飲料「タイガーサイダー」がSNSで話題沸騰中🍹✨　　👍 👎

☀#暑い日の救世主 タイガーサイダーが、多くの人々の心と喉をクールダウンさせる！🧊

🍓#あまくておいしい 🍒フルーツフレーバーで、インスタ映えもバッチリ！🍋 タイガーサイダーが瞬時にさわやかな気分へ導く！🌿

🌀#気分スッキリ の魔法🌊 暑さに負けず、清涼感溢れるオアシスのような爽快感を楽しもう！🏝

✨#暑い日も元気 なあなたへ、タイガーサイダーからさわやかなスパークが届く！🎇

🍃夏の暑い日に友達と集まって #タイガーサイダーパーティー 🥂乾杯しよう！一緒に楽しく盛り上がること間違いなし！🎉

🥤タイガーサイダーで、暑い日もさわやかに過ごそう！#今日の涼感 🍹 さあ、あなたもSNSでシェアしよう！📲💕

　このように、「もうちょっとこうしてください」を繰り返すことでいい広告コピーにブラッシュアップされていきます。広告のコピーやSNSのコピー、チラシのコピーなど、ChatGPTを上手に使っていろんなコピーを生み出してください。

Section
05

表を作成する

ChatGPTで表作成がこれまでになくかんたんになります。効率的に表を作れるだけでなく、並び替えやHTML変換など様々なニーズに対応してくれます。

ChatGPTで表を作成するメリット

ChatGPTは表の作成もできます。ChatGPTでの表の作成には、次のようなメリットがあります。

作業時間の削減

なんといっても、作業の時間を短くできる点がメリットです。ChatGPTでの表の作成は、手作業で表を作ることに比べて高速かつ効率的に作業が進められるので時間を有効活用できます。

操作がかんたん

作成したい表の内容を文章で伝えるだけで表の形に生成してくれるので、表作成ソフトのスキルや知識がない人でも表を作成できます。

あらゆるデータ形式に対応できる

表といえばExcelなどの表計算ソフトを想像する人が多いと思いますが、ChatGPTではあらゆるレイアウトで表をアウトプットできます。例えば、「表をサイトに載せる用のデータにしてほしい」などのリクエストにも答えてくれるので、アウトプットの利用がかんたんです。

エラー削減効果

表のデータを人間が手入力するとどうしてもミスが生まれてしまいます。

ChatGPTなら高い精度でデータを処理してくれるので、ミスを大幅に減らすことが可能です。

表を作成する

実際に表を作ってみましょう。プロンプトは次のようになります。

以下の内容をテーブルになおしてください。

メディア グローバル 日本国内 Twitter 3億5000万人 4500万人
Instagram 20億人 3300万人 Facebook 29億人 2600万人

「以下の内容をテーブルになおしてください」と書いてから、表のデータをそのまま貼り付けました。入力が終わったら送信します。

GPT-4 currently has a cap of 25 messages every 3 hours. Expect significantly lower caps, as we adjust for demand.

以下の内容をテーブルになおしてください。

メディア グローバル 日本国内 Twitter 3億5000万人 4500万人 Instagram 20億人 3300万人
Facebook 29億人 2600万人|

ChatGPT Mar 23 Version. ChatGPT may produce inaccurate information about people, places, or facts

　ChatGPTが表にしてアウトプットしてくれました。「以下の内容をテーブルになおしてください」というプロンプトは表を作るときによく使用するので、覚えておきましょう。

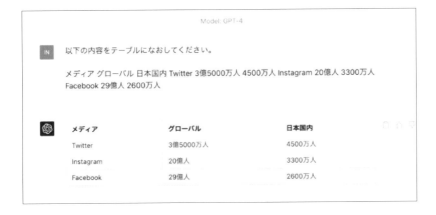

表を並び替える

　アウトプットされた表の中身を並び替えることも可能です。今回は、表の中の「グローバル」の項目の人数が多い順に並び替えたいので、次のプロンプトを入力して送信します。

> **グローバルの人数が多いものから順に並べてください。**

　並びが「グローバル」の人数が多いものから順番に変わりました。先ほどはTwitter→Instagram→Facebookの順で並んでいたのが、グローバルの人数が多い順のFacebook→Instagram→Twitterの順に変わっています。

表を利用する

ChatGPTで作った表はGoogleスプレッドシートやExcelなどでかんたんに使用できます。表の全体を選択し、右クリックでコピーします。

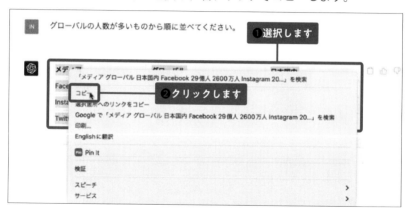

Googleスプレッドシートを開いて貼り付けると、表がそのまま表示されます。

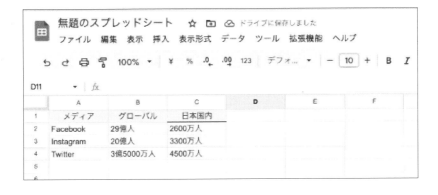

HTMLで書き出す

　作った表をウェブサイトに掲載したいという人も多いでしょう。その場合は、次のプロンプトを入力して送信します。

> これをHTMLに変換してください。

　HTMLの形でアウトプットされました。生成されたHTMLを自分のサイトに掲載すると、この表がサイトに表示されます。

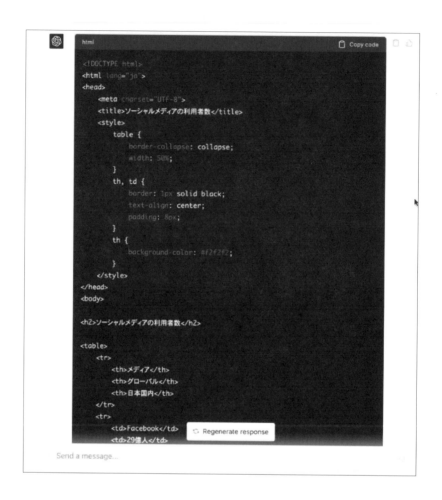

```html
<!DOCTYPE html>
<html lang="ja">
<head>
    <meta charset="UTF-8">
    <title>ソーシャルメディアの利用者数</title>
    <style>
        table {
            border-collapse: collapse;
            width: 50%;
        }
        th, td {
            border: 1px solid black;
            text-align: center;
            padding: 8px;
        }
        th {
            background-color: #f2f2f2;
        }
    </style>
</head>
<body>

<h2>ソーシャルメディアの利用者数</h2>

<table>
    <tr>
        <th>メディア</th>
        <th>グローバル</th>
        <th>日本国内</th>
    </tr>
    <tr>
        <td>Facebook</td>
        <td>29億人</td>
```

今回はHTMLの形でアウトプットしてもらいましたが、ご自身の使用し
ているソフトウェアによって「〇〇で利用するので対応できるようにアウ
トプットしてください」というプロンプトで依頼しましょう。

第 **4** 講

ChatGPTと
SNS
（活用）

4

SNS戦略と ChatGPTの活用

本章ではAIを駆使して効果的なSNS戦略を行う方法を解説します。ここでは、ChatGPTはSNS戦略においてどんな存在なのかなどの概要をお話しします。

ChatGPTをSNSで活用することのメリット

SNSは企業や個人ブランディングにおいて重要な役割を果たしています。効果的なSNS戦略を立てることで、ブランド認知度の向上、顧客獲得、リピーター獲得、顧客とのコミュニケーション、顧客ニーズへの対応、信頼関係の構築など、多くの効果を得られます。

ChatGPTは常に学習をし続けているAIなので、進化の早いSNS戦略の最適化との相性がとてもいいツールです。

過去のデータやトレンドをどんどん学習して、効果的なコンテンツを生成してくれるので、SNSを使っている人はぜひChatGPTを活用してみてください。

ChatGPTを使ったSNS戦略でできること

ビジネスにおいて欠かせないSNSに、ChatGPTはどのように利用できるのでしょうか。代表的な利用シーンをいくつか紹介します。

コンテンツの作成

まずはコンテンツ、つまり投稿するものそのものをChatGPTに作成してもらう活用方法があります。ChatGPTは高品質で興味深い投稿を生成できるので、フォロワーの獲得やエンゲージメントの向上に期待できる投稿を作成してもらえます。

キャンペーン・プロモーションのプランや訴求文の作成

SNSを使用したキャンペーンやプロモーションでは、ブランドのリーチ、認知度などを高めることができます。ChatGPTの活用方法としては、キャンペーンのプランの作成や、プロモーションの効果的な訴求文の提案をしてもらうなどが考えられます。

コンテンツの分析と最適化

ChatGPTで過去の投稿やエンゲージメントデータを分析して、最適なコンテンツ戦略を提案することも可能です。これにより、効果的なSNS戦略を継続的に展開していくことができます。

グローバルなマーケットへのアプローチ

異なる言語圏の顧客やフォロワーに対してコンテンツを提供したいのに外国語ができずに諦めていた人は、ChatGPTを使えば言語の壁を克服できます。

グローバルなマーケットへのアプローチが容易になるので、インバウンドでお客さんを呼んだり、自社の商品を外国の方にも売ったりと、商圏を大きく広げられるようになるでしょう。

ChatGPTをSNS活用する際の注意点

SNSにChatGPTを活用する際の注意点を知っておきましょう。

投稿に倫理的な問題がないか確認する

これはSNS活用に限った話ではありませんが、ChatGPTの生成する文章の中には虚偽が含まれることがあるので、すべてを鵜呑みにせずに確認するようにしてください。

フェイクニュースや間違った情報を発信してはいけないのはもちろんですが、正しい情報であっても自社のSNSガイドラインに抵触してしまうケ

ースもあります。自社のポリシーに反しないか、倫理的に問題がないかは、投稿の前に人間の目で必ずチェックを入れるようにしましょう。

セキュリティ的な問題に気をつける

　顧客から預かったデータは個人情報です。取り扱いを間違うと顧客からの信頼を損うことになるので、注意しなければなりません。ChatGPTのプロンプトに安易に顧客データや企業情報を使用しないようにしましょう。

著作権の侵害に注意する

　生成された文章やハッシュタグはすでに他のユーザーによって作成された固有のものである可能性もあります。著作権等の侵害がないよう十分に注意してください。

Section 02 ChatGPTと Twitterの連携

ChatGPTとTwitterを連携することで、独創的なコンテンツを生成し、エンゲージメントを向上させられます。Twitter Analyticsデータ分析も可能です。

ChatGPTをTwitterに活用するメリット

本節では、ChatGPTのTwitter活用についてお話しします。ChatGPTをTwitterで活用すると、次のようなメリットを得られます。

独創的なコンテンツが生成できる

ChatGPTは独自の文章やアイデアを生成する能力があるので、これによって魅力的で興味深いツイートを効率的に作成できます。

エンゲージメントの向上

エンゲージメントが高いツイートを効率的に提供したいなら、ChatGPTの活用がおすすめです。ChatGPTを用いて質問や議論のきっかけを提供することによって、フォロワーとの対話やコミュニケーションが増えて、エンゲージメントを向上させていけます。

時間と手間が省ける

ツイートのアイデアがどうしても出てこないというとき、ChatGPTを使えば思いもよらなかったアイデアを出してくれます。ツイート作成に頭を悩ませていた人は、大幅に時間を削減できるはずなので、ぜひChatGPTを活用してほしいと思います。

最適なハッシュタグの作成

　適切なハッシュタグを使うとツイートのリーチが拡大して、新規フォロワーの獲得やエンゲージメント向上につながります。ChatGPTを使うと、ツイートの内容に関連性の高い効果的なハッシュタグの選定が可能ですから、積極的に使っていきましょう。

Twitter Analyticsデータの分析

　Twitter AnalyticsのデータをChatGPTで分析することも可能です。深い洞察や戦略的な提案を得ることができるので、Twitter運用の改善や効果の最大化が期待できます。

ツイートのアイデアを生成する

　まずは、ChatGPTを使ってツイートのアイデアを生成しましょう。具体的には、魅力的なツイートのアイデアやキャッチフレーズなどをChatGPTに考えてもらいます。今回は次のようなプロンプトを入力しました。

- あなたはお好み焼き屋の店主です。
- お好み焼きの食べ方に関するツイートを1日5回しなければいけません。
- 多くのユーザーが興味を持ちそうなツイート案を5つ書いてください。

　このように自分が誰なのか（どんな立場なのか）や、ほしいツイートのアイデアなどを指定して送信しましょう。

GPT-4 currently has a cap of 25 messages every 3 hours. Expect significantly lower caps, as we adjust for demand.

・あなたはお好み焼き屋の店主です。
・お好み焼きの食べ方に関するツイートを1日5回しなければいけません。
・多くのユーザーが興味を持ちそうなツイート案を5つ書いてください。

ChatGPT Mar 23 Version. ChatGPT may produce inaccurate information about people, places, or facts.

5つのツイート案がアウトプットされました。絵文字やハッシュタグまで付けてくれていて、このままツイートしてもいいくらいのクオリティのものを出してくれています。

IN ・あなたはお好み焼き屋の店主です。
・お好み焼きの食べ方に関するツイートを1日5回しなければいけません。
・多くのユーザーが興味を持ちそうなツイート案を5つ書いてください。

1. 『食べ方の楽しみ方いろいろ！お好み焼きをモダン焼きスタイルで食べてみたことはありますか？麺入りで食感がアップするんですよ♪ #お好み焼き #モダン焼き #美味しい食べ方』

2. 『お好み焼きの具材に工夫を！定番の豚肉やイカ以外にも、アボカドやチーズをトッピングしてみると、新しい味わいを楽しめますよ😋 #お好み焼き #具材アレンジ #美味しい発見』

3. 『お好み焼きソースの自家製レシピを大公開！市販のソースに飽きたら、自分好みのスパイシーさや甘さを追求してみてください🖊 #お好み焼きソース #自家製 #アレンジレシピ』

4. 『お好み焼きパーティーのアイデア🎉 お客様同士で具材やソースを選び、自分好みの一品を作って楽しむスタイル！みんなでわいわいお好み焼きを楽しみましょう #お好み焼きパーティー #楽しい食べ方 #仲間と共有』

5. 『お好み焼きでデザートも楽しめる？！甘い生地にフルーツやチョコレートをトッピングして、デザート感覚で食べられるスイーツお好み焼きを試してみてください🍰🍫 #お好み焼きデザート #スイーツ #新感覚』

エンゲージメントの高いツイートに修正する

先ほどのアウトプットをよりいいものにしたいと思ったので、追加のプロンプトを送ります。先ほど「多くのユーザーが興味を持ちそうなツイート案を5つ書いてください」と入力しましたが、ここを少し変えてプロンプトを送信します。

- あなたはお好み焼き屋の店主です。
- お好み焼きの食べ方に関するツイートを1日5回しなければいけません。
- エンゲージメントが高まりそうな質問ツイート案を5つ書いてください。

すると、今回は質問形式のツイートがアウトプットされました。Twitter
で質問をするとリプライで返信をくれるユーザーが出てきてエンゲージメ
ントが高まるので、ChatGPTはこのような質問形式で返してくれました。

記事投稿時のコメントを生成する

　ニュースサイトの記事のURLと共に記事の感想や要約をコメントするツ
イートをしたいときのコメントをChatGPTに考えてもらいましょう。次の
ようなプロンプトを記入します。

- この記事の要約文を書いてください。
　（ニューズ記事のURL）
- この記事についての解説ツイートを作成し、記事のリンクを最後に
　掲載してください。

　（ニューズ記事のURL）のところには、自分の紹介したいニュース記事の
URLを貼り付けます。今回は「お好み焼き風かんたんおかず、市販の千切

りキャベツと卵で作れます」というYahoo!ニュースの記事のURLを貼り付けました。

・この記事の要約文を書いてください。
https://news.yahoo.co.jp/articles/1da4b5d471c8a6d0b969bbe0980088e922ef4254
・この記事についての解説ツイートを作成し、記事のリンクを最後に掲載してください。

すると、なぜか指定したニュースとは別の内容が返ってきました。ChatGPTがリンク先から間違った情報を拾ってしまっているようです。こういう場合は、追加でプロンプトを送って修正しましょう。次のようなプロンプトを送りました。

> 違います。リンク先のタイトルは、「お好み焼き風かんたんおかず…」です。修正してください。

要約：
2023年4月8日、東京都は新型コロナウイルスワクチンの追加接種について、65歳以上の高齢者を対象に4月15日から開始すると発表しました。追加接種は、ワクチンの効果が低下することを考慮し、新型コロナウイルス感染拡大防止のために実施されます。都内のワクチン接種会場や医療機関での接種が可能で、インターネットや電話で予約ができます。

解説ツイート：
『東京都が65歳以上の高齢者を対象に新型コロナウイルスワクチンの追加接種を4月15日から開始 効果の低下を考慮し、感染拡大防止のため実施されます。都内の接種会場や医療機関で受けられ、インターネットや電話で予約可能です 詳細はこちら [リンク]』

リンク：
https://news.yahoo.co.jp/articles/1da4b5d471c8a6d0b969bbe0980088e922ef4254

Regenerate response

違います。リンク先のタイトルは「お好み焼き風簡単おかず...市販の千切りキャベツと卵で作れます」です。修正してください。

「失礼いたしました」というお詫びつきで、今度は正しいアウトプットが返ってきました。このように、ChatGPTを使って今話題になっているニュースを投稿するツイートがかんたんに作成できるので、ぜひ試してみてください。

ハッシュタグを考えてもらう

投稿につけるハッシュタグもChatGPTに考えてもらいましょう。方法はかんたんで、ツイートの内容を入力して「ハッシュタグを提案してください」と頼むだけです。プロンプトを入力したら、送信します。

● 以下のツイートに添付する適切なハッシュタグを提案してください。
（ツイートの内容）

5つのハッシュタグが表示されました。今回はもう少し数がほしかったので、追加で次のプロンプトを入力して、さらに5つ増やしてもらいました。

> もう5つ提案してください。

IN　・以下のツイートに添付する適切なハッシュタグを提案してください。

ブルーバッジのアカウントはプロフィールを編集したらしばらくバッジが消えると聞いていたのでやってみたら、一瞬で反映されてバッジもそのまま表示されております。

#ブルーバッジ #Twitter認証 #プロフィール編集 #実験 #認証アカウント

IN　もう5つ提案してください。

#バッジテスト #TwitterTips #プロフィール変更 #アカウント更新 #SNS情報

ChatGPTにハッシュタグを提案してもらうと、自分では思いつかなかったハッシュタグが出てきて、新しい発見につながることがあります。どんどんChatGPTにアイディアを借りてTwitterをうまく運用していきましょう。

Twitter Analyticsのデータ分析

ツイート内容を考えてもらうだけでなく、Twitter Analyticsのデータ分析もChatGPTに任せてみましょう。

Twitter Analyticsのデータをダウンロードする

自分のTwitterページを開きます。メニューから「もっと見る」をクリックします。

　表示されたメニューの中から「Creator Studio」→「アナリティクス」と
クリックして進みます。

　Twitter Analyticsのページが開きました。画面上部の「ツイート」をクリ
ック→右上の「データをエクスポート」ボタンをクリック→「ByTweet」
をクリックと進みます。

保存場所を指定し、パソコンにCSVデータをダウンロードします。

ChatGPTで分析する

　ダウンロードしたTwitter AnalyticsのCSVデータをChatGPTで分析しましょう。まずは次のプロンプトを入力します。

- このTwitter Analyticsのデータ（CSV）を分析してください。
- CSVデータを集計してください。
- インプレッションを向上させるためのアドバイスを記載してください。
- 分析結果を踏まえてインプレッションを向上できるようなツイート案を5つ提案してください。

このプロンプトの後に1行空けてから、CSVデータのすべてをコピペして貼り付けます。

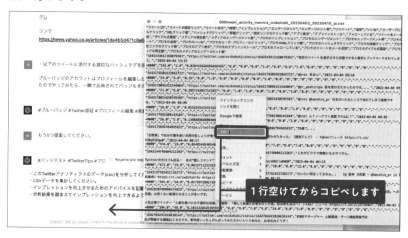

送信をクリックします。

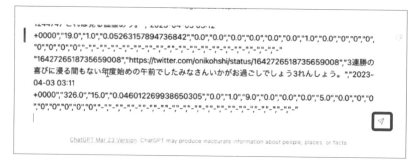

データ分析結果がアウトプットされました。分析結果とアドバイス、ツイート案がしっかり記載されています。今回はTwitterで行いましたが、同じような手法でさまざまなデータを分析できます。

以下のデータ分析結果に基づいて、インプレッションを向上させるためのアドバイスとツイート案を提案します。

【データ分析結果】

1. インプレッション数が多いツイートは、ニュースや情報提供のものが多いです。
2. ハッシュタグを使用することで、関連するトピックに関心を持っている人々にリーチできる可能性が高まります。
3. リプライの多いツイートは、他のユーザーとの対話が活発であることが示唆されます。

【インプレッション向上のアドバイス】

1. 時事ニュースやトレンドに関連する情報を提供するツイートを投稿しましょう。
2. 関連性のあるハッシュタグを使用して、ターゲット層にリーチしましょう。
3. フォロワーや他のユーザーとの対話を促す質問や意見を投稿しましょう。

【インプレッション向上のツイート案】

1. 「最近のニュースによると、AI技術が飛躍的に進化しています。皆さんはどのような分野でAIを活用してみたいですか？ #AI #テクノロジー」
2. 「今日は #環境の日 です。地球環境を守るために、私たち一人ひとりができることは何だと思いますか？みなさんのアイデアを教えてください！」
3. 「スマートフォンのアプリで最も便利だと思うものは何ですか？私は○○が欠かせません！ #スマートフォン #アプリ」
4. 「最近読んだ本で印象に残ったものは何ですか？おすすめの本を教えてください！ #読書 #おすすめ」
5. 「週末のお出かけ先で、最近ハマっている場所を教えてください！私は○○がお気に入りです。 #週末 #お出かけ」

↻ Regenerate response

Send a message...

ChatGPT Mar 23 version. ChatGPT may produce inaccurate information about people, places, or facts.

ChatGPTと
ブログの連携

本節では、ChatGPTをブログに活用する方法を解説します。ChatGPTとブログの連携で、高品質なコンテンツの生成や作業の効率化が期待できます。

ChatGPTをブログに活用するメリット

　文章生成が得意なChatGPTとブログの相性は抜群です。ChatGPTをブログに活用すると次のようなメリットがあります。

高品質なコンテンツが生成できる

　ChatGPTは人工知能の最新技術が搭載された言語モデルなので、多岐にわたるトピックについて回答を提供してくれます。高品質で信頼性の高いブログコンテンツの生成に大いに役立ちます。

作業の効率化

　ChatGPTをうまく使うことで、記事の執筆はもちろん、リサーチ作業も短時間で終わります。作業が効率化して、これまでより多く記事を作成できるようになります。

記事の多様化

　ChatGPTは幅広い知識を持っているので、自分では考え付かなかった発想の内容を提供してくれます。ブログで扱うトピックの幅を広げられるというメリットがあります。

ChatGPTをブログに使用するときの注意点

繰り返しになりますが、ChatGPTのアウトプットは完璧なものではありません。投稿する前に事実確認の作業は怠らないようにしましょう。

ChatGPTでブログ記事を作る

ChatGPTを使ってブログ記事を作成していきましょう。いきなり記事を書いてもらうのではなく、ブログタイトル作成→アウトライン作成→執筆の順番で段階を踏んでコンテンツを作成していくのがポイントです。

ブログタイトルを作る

まずはブログのタイトル案から作ります。次のプロンプトを入力しましょう。

> [トピック] についてブログを書きます、タイトル案を提案してください。

[トピック] の部分には、記事のキーワードやテーマを入力します。ここでは、「動画作成についてブログを書きます、タイトル案を提案してください」としました。

GPT-4 currently has a cap of 25 messages every 3 hours. Expect significantly lower caps, as we adjust for demand.

動画作成についてブログを書きます、タイトル案を提案してください

ChatGPT Mar 23 version. ChatGPT may produce inaccurate information about people, places, or facts.

タイトル案がアウトプットされました。

IN　動画作成についてブログを書きます、タイトル案を提案してください

1. 「動画制作入門：初心者のためのステップバイステップガイド」
2. 「映像の魔法: 動画作成のプロセスとテクニックを紐解く」
3. 「スマホ一つで動画制作：素人でもできる簡単な方法」
4. 「YouTuberになろう：魅力的な動画作成のコツとノウハウ」
5. 「ビデオ編集の達人への道：動画作成の秘訣を公開」
6. 「クリエイティブな動画作り：アイデアから実現までの方法」
7. 「視聴者を魅了する動画制作のテクニック：プロフェッショナルが教える秘密」

アウトラインを作る

　アウトプットの中から「動画制作入門：初心者のためのステップバイス テップガイド」が気に入ったので、これを使いたいと思います。ブログタ イトルが決まったので、次はアウトラインを作っていきましょう。次のプ ロンプトを入力します。

> 「動画制作入門：初心者のためのステップバイステップガイド」に関す る記事を構成するうえで、どのようなアウトラインを考えますか？

↻ Regenerate response

「動画制作入門：初心者のためのステップバイステップガイド関する記事を構成する上で、どのよう なアウトラインを考えますか？

ChatGPT Mar 23 Version. ChatGPT may produce inaccurate information about people, places, or facts

　アウトラインの抽出が終わりました。イントロダクションの1番からは じまり、7番まで番号つきできれいにまとまっています。アウトラインが イメージどおりであれば次の項目に進みましょう。ここでイメージと違う ところがあれば、プロンプトを追加して修正しておきましょう。

1. イントロダクション
   ・ 動画制作の重要性と人気
   ・ 記事の目的と対象読者
2. 動画制作の前準備
   ・ 動画の目的とターゲットオーディエンスの特定
   ・ ストーリーボードやシナリオの作成
   ・ 撮影場所と機材の準備
   ・ キャストやスタッフの手配
3. 撮影の基本テクニック
   ・ カメラの設定（解像度、フレームレート、ホワイトバランス）
   ・ 撮影の構図とアングル
   ・ 明るさとコントラストの調整
   ・ 音声の録音とマイクの選択
4. 動画編集の基本
   ・ 編集ソフトウェアの選び方
   ・ カットとトリミング
   ・ サムネイル画像の作成
   ・ SNSやブログでのプロモーション
7. まとめ
   ・ 動画制作の一連のプロセスの振り返り
   ・ 今後の学習やスキルアップのためのリソース紹介

記事を執筆してもらう

　満足するアウトラインができたら、そのとおりに記事を執筆してもらいます。次のプロンプトを入力して、送信しましょう。

アウトラインに沿ってブログ記事を生成してください。

7. まとめ
   ・ 動画制作の一連のプロセスの振り返り
   ・ 今後の学習やスキルアップのためのリソース紹介

⟳ Regenerate response

アウトラインに沿ってブログ記事を生成してください。

ChatGPT Mar 23 Version. ChatGPT may produce inaccurate information about people, places, or facts.

アウトラインに沿って内容が執筆されます。これでブログ記事の完成です。アウトプットが長くなって途中で止まってしまった場合は、「続けて」と入力しましょう。

IN アウトラインに沿ってブログ記事を生成してください。

タイトル：動画制作入門：初心者のためのステップバイステップガイド

1. イントロダクション

近年、動画コンテンツの需要が急速に増えており、個人や企業が動画を制作する機会も増えています。この記事では、動画制作の初心者向けに、簡単なステップバイステップガイドを紹介します。これから動画制作を始めたい方や、基本的な知識を学びたい方におすすめです。

2. 動画制作の前準備

まず、動画の目的とターゲットオーディエンスを明確にしましょう。これにより、ストーリーボードやシナリオを作成する際の指針となります。次に、撮影場所を決め、必要な機材を揃えましょう。また、キャストやスタッフが必要な場合は、事前に手配しておきましょう。

3. 撮影の基本テクニック

撮影を始める前に、カメラの設定（解像度、フレームレート、ホワイトバランス）を確認しましょう。構図やアングルも意識して撮影することで、見栄えの良い動画に仕上がります。明るさやコントラストの調整も重要です。さらに、音声はクリアなマイクを使って録音しましょう。

4. 動画編集の基本

動画編集ソフトウェアを選び、カットやトリミングを行いましょう。トランジションやエフェクトを使って、シーン間のつながりをスムーズにしましょう。また、タイトルや字幕を追加し、視聴者に情報を伝えやすくしましょう。音楽や効果音も挿入することで、動画に臨場感を与えます。

5. 動画の仕上げとエクスポート

カラーコレクションやグレーディングを行い、動画の色調を統一しましょう。最後に、適切なファイル形式や解像度、ビットレートで動画をエクスポートします。動画を確認し、問題がなければ完成です。

6. 動画の公開とプロモーション

動画投稿プラットフォーム（YouTube、Vimeoなど）を

IN つづけて

選び、タイトル、説明文、タグを最適化してアップロードしましょう。魅力的なサムネイル画像を作成することで、視聴者の興味を引くことができます。動画を公開したら、SNSやブログでプロモーションを行い、より多くの人に視聴してもらいましょう。

7. まとめ

↻ Regenerate response

SNS投稿テキストを作成する

次のプロンプトを入力して、このブログ記事をSNSにシェアするときの
テキストも一緒に作ってしまいましょう。

Chapter
4
ChatGPTとSNS（活用）

> **このブログ記事を紹介するためのSNS投稿テキストを作成してください。**

IN	このブログ記事を紹介するためのSNS投稿テキストを作成してください
🦋	🎬 動画制作入門ガイド公開 🎥 初心者でも簡単に動画制作に挑戦できるステップバイス テップガイドを公開しました！撮影の基本テクニックから編集、公開まで、わかりやすく 解説しています 💡 これから動画制作を始めたい方や、基本スキルを学びたい方はぜひチェ ックしてみてください👉 [ブログ記事のURL] #動画制作 #初心者 #ガイド #チュートリアル

SEO対策をしてもらう

ブログには欠かせないSEO対策もChatGPTに任せましょう。続けて次の
プロンプトを入力して送信します。

> **この記事をSEOに最適化するために、どのような方法がありますか？**

ックしてみてください👉 [ブログ記事のURL] #動画制作 #初心者 #ガイド #チュートリアル

🔄 Regenerate response

この記事をSEOに最適化するために、どのような方法がありますか？　　　　　　⊿

ChatGPT Mar 23 Version. ChatGPT may produce inaccurate information about people, places, or facts

アウトプットが返ってきましたが、内容がSEOの一般論の解説になって
います。ほしかったアウトプットとは違うので、さらにプロンプトを追加

します。

　すると、この記事用のSEO対策がアウトプットされました。キーワードリサーチやタイトル、メタディスクリプションなどが、この記事の内容に変わっているのがわかります。

この記事（動画制作入門：初心者のためのステップバイステップガイド）に特化したSEO対策を以下に示します。

1. キーワードリサーチ：
   記事に関連するキーワードやフレーズをリサーチし、適切に使用しましょう。例えば、「動画制作入門」、「初心者向け動画制作」、「動画編集」、「撮影テクニック」などです。
2. タイトルとメタディスクリプション：
   タイトルには、「動画制作入門」と「初心者」のキーワードを含めています。メタディスクリプションでは、記事の概要と主要キーワードを簡潔にまとめて記述しましょう。
3. 見出しタグ：
   見出しタグを使用して、記事の各セクションにタイトルを設定しましょう。たとえば、「撮影の基本テクニック」や「動画編集の基本」などのセクションタイトルにはH2タグを使用します。
4. 内部リンク：
   関連する他のブログ記事やページへのリンクを記事内に貼りましょう。例えば、動画編集ソフトウェアの比較記事や、カメラの選び方に関する記事へのリンクが考えられます。
5. 画像の最適化：
   画像には適切なファイル名（例：video-production-guide.jpg）とaltタグ（例：「動画制作入門ガイド」）を設定しましょう。これにより、画像検索での表示が向上します。
6. URL構造の最適化：
   記事のURLには、「動画制作入門」と「初心者」のキーワードを含めることが望ましいです。例：www.example.com/video-production-guide-beginners
7. ソーシャルメディアでの共有：
   この記事がソーシャルメディアで共有されることを促すため、シェアボタンを設置しましょう。また、引用やポイントを強調することで、読者が共有しやすくなります。

これらのSEO対策を実施することで、この記事の検索エンジンのランキングが向上し、より多くの人に記事を見てもらえるようになります。

↻ Regenerate response

HTML形式でアウトプットする

　最後に、次のプロンプトを使って、ブログ全体をHTML形式で書き出してもらいましょう。

> このブログの内容を上記のSEO対策を含めてHTML形式でアウトプット
> してください。

↺ Regenerate response

このブログの内容を上記のSEO対策を含めてHTML形式でアウトプットしてください。｜　　　　　　　　⬦

　ブログの最初から終わりまで、HTML形式でアウトプットされました。
headタグ、body、H1タグ、H2タグ…と全部書き出してくれているので、
全部コピーをしてそのままサイトに貼り付けるだけで、SEO対策済みのブ
ログが公開されます。

IN　このブログの内容を上記のSEO対策を含めてHTML形式でアウトプットしてください。

⑤
```html
<!DOCTYPE html>
<html lang="ja">
<head>
  <meta charset="UTF-8">
  <meta name="viewport" content="width=device-width, initial-scale=1.0">
  <meta name="description" content="動画制作入門ガイドでは、初心者でも簡単に動画制
作に挑戦できるステップバイステップの方法を解説しています。撮影の基本テクニックから
編集、公開まで、わかりやすく説明しています。">
  <title>動画制作入門：初心者のためのステップバイステップガイド</title>
</head>
<body>
  <header>
    <h1>動画制作入門：初心者のためのステップバイステップガイド</h1>
  </header>
  <main>
    <section>
      <h2>1. 動画制作の準備</h2>
      <p>動画制作を始める前に、目的やターゲットオーディエンスを明確にしましょう。ま
た、撮影に必要な機材や編集ソフトウェアを用意し、予算やスケジュールを計画しておくこ
とが大切です。</p>
    </section>
    <section>
      <h2>2. 撮影の基本テクニック</h2>
      <p>カメラの設定や構図、照明、音声など、撮影の基本テクニックをマスターしましょ
う。また、手ぶれを防ぐための三脚やスタビライザーの使用も検討しましょう。</p>
```

ブログ作成に使えるプロンプト集

ブログ記事作成に使えるプロンプトをいくつか紹介します。

タイトルの生成

[トピック]についてブログを書きます、タイトル案を提案してください

[トピック]に関する最新の情報は何ですか？

[トピック] に関する問題を解決するためには、どのような方法がありますか？

[トピック] についての新しい発見はありますか？

[トピック]の最新トレンドを教えてください

[トピック] についてのデータを分析した結果、何が明らかになりましたか？

アウトラインの作成

[トピック] について書くにあたり、何を主張したいですか？

[トピック] に関する記事を構成するうえで、どのようなアウトラインを考えますか？

[トピック] についての記事を書く場合、最初に書くべきことは何ですか？

[トピック] についての記事を書くために必要なステップを考えてください

コンテンツの充実

[トピック] に関する統計データを収集するための信頼できるソースは何ですか？

[トピック] に関する最新のトレンドを収集するために、どのような方法がありますか？

[トピック] についての最新のニュースを調べるために、どのような検索キーワードを使いますか？

[トピック] に関するデータを収集するためのオンラインリソースを教えてください

SNS投稿の作成

[トピック] についてのブログ記事を紹介するためのSNS投稿テキストを作成してください

[トピック] についてのブログ記事を効果的に紹介するために、どのようなキーワードを使えばよいでしょうか？

[トピック] についてのブログ記事をSNS上でシェアする際、どのような見出しを使うべきですか？

SEO対策

[トピック] に関するブログ記事において、どのようなキーワードが効果的でしょうか？

[トピック] についての記事をSEOに最適化するために、どのような方法がありますか？

[トピック] についてのブログ記事を検索エンジンで上位に表示するために、どのような施策が必要ですか？

競合分析

[トピック] に関するブログ記事の競合分析を行うために、どのような方法がありますか？

[トピック] についての記事で、どのような競合が存在するでしょうか？

[トピック]についての競合分析から得られる情報を、記事の改善にどのように活用できるでしょうか？

04 ChatGPTと YouTubeの連携

ChatGPTでアウトプットされるのは文章なので、動画を作成することはできません。
しかし、YouTube台本の作成にはChatGPTが大いに役立ちます。

ChatGPTのYouTube活用方法

ChatGPTでは、動画そのものを作成することはできません。YouTubeに
ChatGPTを利用するなら、台本の作成に使うのがおすすめです。伸びる
YouTube動画には、魅力的なストーリーの台本が欠かせない存在です。ゼ
ロからクオリティの高い台本を作るのは大変ですが、今後はChatGPTが台
本作成の優秀なアシスタントになってくれるでしょう。

動画の台本を作る

ここからChatGPTでYouTubeの台本を作成していきますが、作成の前に
動画のテーマだけ決めておいてください。料理動画やゲーム実況動画、ト
レンドニュース、コンサルの手順などのビジネス的なものも面白いですね。
とにかく、動画を作りたいと思う分野を選んでください。

タイトル案の作成

ブログ記事の作成と同じく、YouTubeの場合もタイトル案の生成からは
じめましょう。次のようなプロンプトを入力し、送信します。

『動画制作のノウハウ』について役立つYouTube動画を作りたい。タイ
トル案を提案してください。

『動画制作のノウハウ』について、役立つYouTube動画を作りたい。タイトル案を提案してください。

ChatGPT Mar 23 Version. ChatGPT may produce inaccurate information about people, places, or facts.

5つのタイトル案がアウトプットされました。

『動画制作のノウハウ』について、役立つYouTube動画を作りたい。タイトル案を提案してください。

いくつかのタイトル案を提案します。どうぞ参考にしてください。

1. 「動画制作のプロが教える！初心者でもできる基本的な撮影テクニック」
2. 「編集の鉄則！動画制作で必要な技術とツール」
3. 「YouTubeで注目を集める！視聴者が喜ぶ動画の作り方」
4. 「動画制作に必要な道具とギアの紹介＆選び方」
5. 「動画制作で成功するために知っておきたい5つのポイント」

動画の台本の作成

　先ほどアウトプットされた動画タイトルの中で、「動画制作のプロが教える！初心者でもできる基本的な撮影テクニック」というタイトルが気に入ったので、この動画を作成しようと思います。プロンプトに次のように入力し、動画の台本を書いてもらいます。

- 「動画制作のプロが教える！初心者でもできる基本的な撮影テクニック」というタイトルでYouTube用の動画を作成します。
- 動画の登場人物は「動画の先生」と「生徒」です。
- 5分程度で完結するよう台本を制作してください。
- 初心者にもわかりやすい表現にしてください

　このように、どんな人が出てくるかや動画の尺、ターゲットになる視聴者の層などを明確に示したプロンプトにするのがポイントです。

・"「動画制作のプロが教える！初心者でもできる基本的な撮影テクニック」"というタイトルで
YouTube用の動画を作成します。
・動画の登場人物は「動画の先生」と「生徒」です。
・5分程度で完結するよう台本を制作してください。
・初心者にもわかりやすい表現にしてください。|

　台本がアウトプットされました。内容を見てみると、指示のとおり先生と生徒の掛け合いでストーリーが進んでいるのがわかります。シーン1、シーン2というようにシーンごとに区切って初心者向けにわかりやすく基本的な撮影テクニックを教えてくれる内容になっています。

以下が、『動画制作のプロが教える！初心者でもできる基本的な撮影テクニック』というタイトルのYouTube動画の台本で、動画の先生と生徒のセリフも含めたものです。

【動画のオープニング】
画面に『動画制作のプロが教える！初心者でもできる基本的な撮影テクニック』と表示される。

動画の先生：はじめまして、動画の先生と申します。今回は、動画制作の基本的な撮影テクニックをご紹介します。私たちの生徒さんも、これから動画制作に挑戦したいという方には特に参考になる内容となっています。

【シーン1：教室のセット】
カメラが『動画の先生』を撮影し、声でナレーションが入る。

動画の先生：動画制作に挑戦するにあたって、まずは基本を押さえることが大切です。それでは、撮影の基本的なポイントをおさらいしましょう。

【シーン2：撮影の基本的なポイントの説明】
『動画の先生』がホワイトボードの前に立ち、ペンで描きながら解説をする。

動画の先生：まずは、カメラの三脚をしっかりと設置し、映像のブレを防ぎます。次に、

画面に「撮影の基本はマスターしたかい？」という文字が表示される。

動画の先生：いかがでしたか？今回ご紹介した基本的な撮影テクニックをマスターし、より魅力的な動画を作りましょう。次回も、動画制作に役立つ情報をお届けします。お楽しみに！

【最後に】
以上が、『動画制作のプロが教える！初心者でもできる基本的な撮影テクニック』というタイトルのYouTube動画の台本です。初心者でもわかりやすいように、具体的な例を交えながら解説を行いました。ご参考になれば幸いです。

アウトプットされた台本をそのまま使うというよりは、これを叩き台として本番の台本を作成する人が多いと思いますが、下書きとして使用するだけでも台本作りの手間暇が大幅に省けると思います。ぜひ活用してみてください。

ChatGPTと Facebookの連携

Facebook投稿に迷ったら、ChatGPTを使って投稿案を作成しましょう。投稿したい項目のプロンプトを与えることで、柔軟な発想が生まれます。

Facebookで活用する

　Facebookを更新したいけどどんな投稿をすればいいか迷ってしまうという人は、ChatGPTを使った投稿案作成をおすすめします。例えば、次のような話題をChatGPTで教えてもらうと、面白い投稿が作れるかもしれません。

- 今日のおすすめ商品は？
- 週末のイベント情報
- 新商品のご紹介
- あなたにぴったりの商品は？
- 季節限定メニューのお知らせ

　全くゼロから自分の頭でFacebookの投稿を考えるよりも、ChatGPTと会話しながらアイデアをもらうほうが柔軟な発想が生まれます。

　ただ、ここでもChatGPTで作成したコンテンツをそのままFacebookに投稿するのではなく、内容が間違っていないかしっかり確認してから投稿するようにしましょう。

ChatGPTでFacebookの投稿案を作成する

　具体的にFacebookの投稿案を作ってみましょう。今回はお好み焼き屋さんを経営している人を想定して、次のようなプロンプトを記入しました。

- Facebookの投稿案を作ります。
- 扱っている商品は、お好み焼き もんじゃ焼き たこ焼きです。
- おすすめの商品を抽出してFacebookユーザーの反応が高い投稿案を作ってください。

　ご自身の扱っている商品やサービスがあれば、書き換えて使ってください。記入が終わったら送信します。

・Facebookの投稿案を作ります
・扱っている商品は、お好み焼き もんじゃ焼き たこ焼き です。
・おすすめの商品を抽出してFacebookユーザーの反応が高い投稿案を作ってください。

ChatGPT Mar 23 Version. ChatGPT may produce inaccurate information about people, places, or facts.

　アウトプットが返ってきました。プロンプトの指示どおり、「今週のおすすめの一品」を「明太もんじゃ焼き」と書いてくれているのがわかります。文章だけでなく明太もんじゃ焼きの写真を一緒に投稿するといいということまで書いてくれています。
　さらに翻訳した英文まで出してくれているので、これを使えば海外の人にもアピールできる投稿が作れそうです。

・Facebookの投稿案を作ります
・扱っている商品は、お好み焼き もんじゃ焼き たこ焼き です。
・おすすめの商品を抽出してFacebookユーザーの反応が高い投稿案を作ってください。

以下は、Facebook投稿案の例です：

【投稿案】

タイトル：今週のおすすめ！もんじゃ焼き♪

本文：こんにちは！今週は、もんじゃ焼きがおすすめです！もんじゃ焼きは、お好み焼きと似たようなものですが、生地が薄く、具材がゴロッと入っているのが特徴です。当店のもんじゃ焼きは、小麦粉と卵を使った生地に、新鮮な野菜や肉などの具材をたっぷりと入れて、出来立てをお届けしています。一度食べたら、やみつきになること間違いなしです！

そして、おすすめの一品が「明太もんじゃ焼き」です！明太子をたっぷり使った濃厚な味わいが特徴で、もんじゃ焼きとの相性も抜群です。是非、一度お試しください！

皆さんのお気に入りのもんじゃ焼きの具材は何ですか？コメント欄に教えてくださいね♪

画像：明太もんじゃ焼きの写真

【翻訳】

Title: This week's recommendation! Monjayaki♪

Body: Hello! This week, we recommend Monjayaki! Monjayaki is similar to Okonomiyaki, but the batter is thinner and the ingredients are chunky. Our Monjayaki is made with a batter of wheat flour and eggs, with plenty of fresh vegetables and meat as toppings, and delivered freshly made. Once you try it, you'll definitely get hooked!

And our recommended dish is "Mentaiko Monjayaki"! It has a rich flavor with plenty of spicy cod roe, and goes great with Monjayaki. Please try it out!

追加で質問する

　先ほどのアウトプットで投稿案自体はいいものができたと思いましたが、添付するといいとされていた「明太もんじゃ焼きの写真」についてもう少し知りたいと思いました。次のプロンプトで追加で質問することにします。

> 添付する「明太もんじゃ焼きの写真」はどんなものがいいですか？

```
                        ↻ Regenerate response

添付する「明太もんじゃ焼きの写真」はどんなものがいいですか?|                    ◁

        ChatGPT Mar 23 Version. ChatGPT may produce inaccurate information about people, places, or facts
```

　写真について、詳細なアウトプットが返ってきました。色合いやおすすめの撮影アングルまで指定してくれています。このアドバイスがあれば、写真の撮影も迷わずに行えそうです。

```
IN    添付する「明太もんじゃ焼きの写真」はどんなものがいいですか?


🌸    「明太もんじゃ焼きの写真」については、以下のようなイメージがあります：

      ・鮮やかな色合いで、明太子の赤ともんじゃ焼きの黄色がよく映える
      ・明太子の豊富な量が分かるように、明太子がたっぷりと乗っている
      ・もんじゃ焼きの具材も分かるように、野菜や肉などの具材も適度に見える

      また、撮影アングルは、上から見た写真がおすすめです。これにより、明太子の量がよくわ
      かるだけでなく、もんじゃ焼きの具材も見えやすくなります。



                        ↻ Regenerate response
```

ChatGPTと Instagramの連携

Instagramの投稿にChatGPTを使えば、効率的にアイデアを出すことができます。注目を集めるキャプションやハッシュタグを生成しましょう。

Instagramで活用する

今やInstagramはビジネスとマーケティングに欠かせないSNSになっています。Instagramの投稿を伸ばすためには、投稿の頻度やクオリティー、ユーザーとのコミュニケーションなどたくさんのことに気をつけなくてはなりません。

ChatGPTはInstagramのメインである画像や動画の生成はできませんが、投稿の内容やキャプション作りに活用できます。Instagramの運用の効率化のためにChatGPTを活用していきましょう。

キャプションとハッシュタグを生成する

具体的にInstagramの投稿に使うキャプションとハッシュタグを生成してみましょう。次のプロンプトを入力して、送信をクリックします。

夏の宮古島の海岸の画像をInstagramで投稿します。キャプションとハッシュタグを生成してください。

夏の宮古島の海岸の画像をInstagramで投稿します。キャプションとハッシュタグを生成してください。

ChatGPT Mar 23 Version. ChatGPT may produce inaccurate information about people, places, or facts

キャプションとハッシュタグがアウトプットされました。

夏の宮古島の海岸の画像をInstagramで投稿します。キャプションとハッシュタグを生成してください。

キャプション：
夏の宮古島、海の色が最高！#宮古島 #夏 #海岸 #青い海 #旅行 #絶景

ハッシュタグ：
#宮古島 #宮古島旅行 #宮古島観光 #宮古島海岸 #夏 #夏の思い出 #海 #海岸 #青い海 #海好きな人と繋がりたい #絶景 #自然 #自然が好き #旅行 #旅行好きな人と繋がりたい

修正する

先ほどのキャプションとハッシュタグのアウトプットが少し物足りなかったので、追加でプロンプトを入力しました。

- キャプションは長い文章にしてください。
- キャプションの案をいくつか提示してください。
- ハッシュタグは英文のものも提示してください。

新たに生成されたキャプションの案は、しっかりとした文章になっています。ハッシュタグには英文のものも追加されていて、期待どおりのアウトプットになりました。

IN
キャプションは長い文章にしてください。
キャプションの案をいくつか提示してください。
ハッシュタグは英文のものも提示してください。

キャプション案1:
照りつける太陽、さざ波が押し寄せる潮騒、宮古島の海岸でののんびり過ごす時間は至福の
ひとときです。毎年、夏になるとこの島の美しい海に惹かれ、訪れる人々が絶えません。
青い海と白い砂浜が見事に調和した景色は、まさに心のオアシス。宮古島の海岸で体感す
る贅沢な時間をおすすめします。

キャプション案2:
夏の宮古島の海岸は、人々の心を魅了する美しい景色が広がっています。透き通るような
海水の色は、まさに夢のよう。青い空、白い砂浜、緑の植物が彩る風景は、人々を癒しの
世界へと誘います。島の風に吹かれ、波の音に癒やされる時間は、心に深く刻まれる思い
出になることでしょう。

キャプション案3:
宮古島の海岸で、夏の日差しを浴びながら心地よい風に吹かれると、一瞬にして全てのス
トレスが吹き飛びます。青い海を眺めていると、心が開放され、穏やかな気持ちになれま
す。宮古島の海岸は、美しい自然が広がる場所であり、人々に癒しを与える特別な場所で
す。

ハッシュタグ案:
#miyakojima #miyakojimaisland #miyakojimatourism #miyakojimabeach #summer
#summertime #beach #beachlife #ocean #bluesky #nature #islandlife #travel
#travelphotography #travelgram #wanderlust #vacation #holiday #instatravel #instabeach
#instanature #beautifuldestinations #explore #adventure #relaxation

　アウトプットの中にあった「miyakojimaisland」「miyakojimatourism」
のようなハッシュタグは、私が自分で考えたなら思いつかないハッシュタ
グでした。こういう想定外のいいアイデアが生まれてくるのがChatGPTの
面白さだと思います。ぜひあなたもInstagramの投稿にChatGPTを使ってみ
てください。

第 **5** 講

ビジネス現場で
利用するための
ChatGPT
プロンプト集

5

Section 01 クライアントとのコミュニケーション

ChatGPTを使ってクライアントとのコミュニケーションをスムーズにしましょう。Eメールの作成や提案書や見積もりの作成支援、FAQの作成などに活用できます。

Eメール作成のプロンプト

　第5講はビジネスの現場でChatGPTを活用する際の、具体的なプロンプトについてお話ししていきます。ChatGPTを使うと、お客さんとのコミュニケーションがスムーズになってビジネスの効率が上がります。まずは、ビジネスで欠かせないクライアントへのEメール作成にChatGPTを使う際の具体的なプロンプトを見ていきましょう。

　Eメールの作成をするときには、どんなメールを作ってほしいのかをプロンプトとして伝えます。具体的には次のようなプロンプトです。

- クライアントに対する商品名の提案メール
- 請求書の送付を伝えるEメール
- 打ち合わせの日程調整のEメール
- サービスのメンテナンス通知メール

請求書の送付を伝えるEメールを作ってみよう

　もちろん上記のプロンプトだけでは具体的な内容が伝わらないので、自身のビジネス内容に合わせて詳細を補足しなければなりません。ここでは次のように補足してプロンプトを完成させました。

請求書の送付を伝えるEメールを送ります。メールの文書を生成してください。
あなたは田村商事の田村です。
送り先は株式会社ウェブタイガーの田村さまです。
先日のコンサルティングサービスについての請求書を添付します。

これをプロンプトとして送信すると、そのままメールに使えるような文面が返ってきました。

請求書の送付を伝えるEメールを送ります。メールの文章を生成してください。
あなたは田村商事の田村です。
送り先は株式会社ウェブタイガーの田村さまです。
先日のコンサルティングサービスについての請求書を添付します。

件名：【田村商事】コンサルティングサービスに関する請求書の送付

株式会社ウェブタイガー
田村 様

いつもお世話になっております。田村商事の田村でございます。

先日提供させていただきましたコンサルティングサービスに関する請求書を、本メールに添付させていただきました。ご確認いただき、お支払いの手続きをお願いいたします。

【請求書概要】
・サービス名：コンサルティングサービス
・請求額：¥XXX,XXX（税込）
・お支払い期限：2023年5月15日

お支払い方法については、請求書に記載しておりますので、ご確認ください。また、お支払いが完了しましたら、お手数ですがご連絡いただけますと幸いです。

ご不明点やご質問がございましたら、お気軽にお問い合わせください。

今後とも変わらぬご愛顧を賜りま　⟳ Regenerate response　「。

内容を読んでみると、請求額を伝え忘れているのに気がつきました。他にもいくつか修正したいと思ったので、さらにプロンプトを送ります。

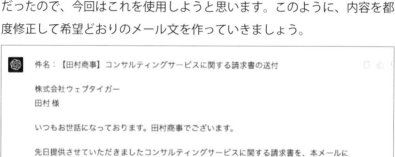

請求額は10000円にしてください。
署名は不要です。
敬具は不要です。

敬具

_____

田村商事株式会社
田村 太郎
〒123-4567 東京都新宿区1-2-3

⟳ Regenerate response

請求額は100000円にしてください。
署名は不要です。
敬具は不要です。

　アウトプットが返ってきました。さっきの文章よりスッキリとして好みだったので、今回はこれを使用しようと思います。このように、内容を都度修正して希望どおりのメール文を作っていきましょう。

件名：【田村商事】コンサルティングサービスに関する請求書の送付

株式会社ウェブタイガー
田村 様

いつもお世話になっております。田村商事でございます。

先日提供させていただきましたコンサルティングサービスに関する請求書を、本メールに添付させていただきました。ご確認いただき、お支払いの手続きをお願いいたします。

【請求書概要】
・サービス名：コンサルティングサービス
・請求額：¥100,000（税込）
・お支払い期限：2023年5月15日

お支払い方法については、請求書に記載しておりますので、ご確認ください。また、お支払いが完了しましたら、お手数ですがご連絡いただけますと幸いです。

ご不明点やご質問がございましたら、お気軽にお問い合わせください。

田村商事

提案書・見積もりの作成のプロンプト

提案書や見積もりの作成支援にもChatGPTが便利です。例えば次のようなプロンプトが使えます。

- 新規プロジェクトの提案書の概要作成
- クライアント向けの見積もり書のフォーマット
- デザインサービスの提案書
- マーケティング戦略の提案書
- ウェブ開発プロジェクトの見積もり

マーケティング戦略の提案書を作成してみよう

ここでは、例としてマーケティング戦略の提案書を作成します。次のように補足してプロンプトを完成させました。

マーケティング戦略の提案書を作成してください。事業の内容は以下のとおりです。

ビジネス概要：オンライン販促コンサルティング

ターゲット市場と顧客セグメント：関東地区の中小企業

実施予定のマーケティング活動とキャンペーン

予算とリソースの配分：広告宣伝費等月間200万円

目標達成のためのKPI（重要業績評価指標）と評価方法は問い合わせ月間100件

タイムラインと実行計画：単価30万円のコンサルティングを半年で50件受注

これも先ほどのメールの例と同じで、「マーケティング戦略の提案書」とだけ書いてもChatGPTには伝わりません。事業の内容や提案したいことの概要をChatGPTに伝えましょう。

マーケティング戦略の提案書を作成してください。事業の内容は以下のとおりです。
ビジネス概要:オンライン販促コンサルティング
ターゲット市場と顧客セグメント:関東地区の中小企業
実施予定のマーケティング活動とキャンペーン
予算とリソースの配分:広告宣伝費等月間200万円
目標達成のためのKPI（重要業績評価指標）と評価方法:問い合わせ月間100件
タイムラインと実行計画:単価30万円のコンサルティングを半年で50件受注

提案書が返ってきました。

提案書

件名: オンライン販促コンサルティング事業のマーケティング戦略

1. ビジネス概要
   弊社のオンライン販促コンサルティング事業では、関東地区の中小企業を対象に、効果的なマーケティング戦略を提案し、事業成長をサポートいたします。
2. ターゲット市場と顧客セグメント
   関東地区の中小企業をターゲットとし、特にオンラインプロモーションに興味がありながらも、戦略や手法に悩んでいる企業を狙い撃ちします。
3. 実施予定のマーケティング活動とキャンペーン
   以下のマーケティング活動を実施予定です。
   a) ウェブサイトの最適化: SEOやコンテンツマーケティングによる認知度向上
   b) ソーシャルメディアマーケティング: Facebook, Instagram, Twitter等での情報発信
   c) オンライン広告: Google AdsやFacebook Adsを活用したターゲット広告
   d) セミナーやワークショップ: オンラインおよび対面での無料セミナー、ワークショップ開催
   e) メールマーケティング: ニュースレター配信、リード獲得キャンペーンの実施
4. 予算とリソースの配分

* 新たなマーケティング戦略の検討、実施
* セミナー・ワークショップの継続開催、参加者のフォローアップ強化
* メールマーケティングのセグメント化、ターゲティングの改善
* 50件の受注達成を目指す最終スパート

この計画を実行することで、半年間で50件の受注を獲得し、関東地区の中小企業のオンライン販促コンサルティング市場での地位確立を目指します。定期的にKPIの達成状況を評価し、必要に応じて戦略の見直しを行います。これにより、顧客満足度の向上と事業拡大を実現できると考えております。

　プロンプトで伝えた内容が提案書の形に落としこまれています。長くなると途中で止まることもあるので、その場合は「続けて」と伝えて、続きを書いてもらいましょう。

アウトプットを見ると、締めの言葉も入れてくれていますし、しっかりと提案書の形になっています。アイデアを提案書の形にするのが苦手で頭を悩ませていた人は、ChatGPTに任せてみてはいかがでしょうか。

FAQ・カスタマーサポート作成のプロンプト

何らかのサービスを提供している人は、お客様のためのFAQ（よくあるご質問）やカスタマーサポートの文章を作成する機会があると思いますが、この作成にもChatGPTが役立ちます。FAQやカスタマーサポートの自動生成には、次のようなプロンプトが使えます。

- 商品Aに関するよくある質問と回答のリスト作成
- サポートチケットへの効果的な返信文生成
- 会員登録や退会手続に関するFAQ
- 配送や返信に関する質問と回答のリストを作成
- プライバシーポリシーに関するFAQ

会員登録や退会手続に関するFAQを作成してみよう

ここでは、例として会員登録や退会手続に関するFAQを作成してみましょう。次のように補足してプロンプトを完成させました。

会員登録や退会手続きに関するFAQを作成します。内容は以下のとおりです。
会員登録の方法と手順:ウェブサイトより必要事項を記載
会員登録に必要な情報:氏名 メールアドレス 支払い情報
ユーザーIDやパスワードの設定、変更方法:ウェブサイトの会員ページで操作できる
パスワードを忘れた場合の対処法:サイトの指示に従って操作
メールアドレスの変更方法:ウェブサイトの会員ページで変更できる
会員情報の更新方法:サイトの会員ページで更新できる。
退会手続きの方法と手順:サイトの会員ページで手続きできる
退会後の個人情報の取り扱い:すべて消去する。他の用途には使用しない。
退会後の再登録に関する方針:新規登録として扱う。
会員登録や退会手続きに関する問い合わせ先:サイト内の問い合わせフォーム

プロンプトを送信すると、FAQがアウトプットされました。

> **FAQ: 会員登録・退会手続きに関するよくある質問**
>
> Q1: 会員登録の方法と手順は？
> A1: ウェブサイトにアクセスし、必要事項を記載して会員登録を行ってください。
>
> Q2: 会員登録に必要な情報は何ですか？
> A2: 氏名、メールアドレス、および支払い情報が必要です。
>
> Q3: ユーザーIDやパスワードの設定・変更方法は？
> A3: ウェブサイトの会員ページでユーザーIDやパスワードの設定・変更ができます。
>
> Q4: パスワードを忘れた場合の対処法は？
> A4: サイトの指示に従って操作を行ってください。
>
> Q5: メールアドレスの変更方法は？
> A5: ウェブサイトの会員ページでメールアドレスの変更ができます。
>
> Q6: 会員情報の更新方法は？
> A6: サイトの会員ページで会員情報の更新ができます。
>
> Q7: 退会手続きの方法と手順は？
> A7: サイトの会員ページで退会手続きができます。
>
> Q8: 退会後の個人情報の取り扱いは？
> A8: 退会後、すべての個人情報は消去されます。他の用途には使用されません。
>
> Q9: 退会後の再登録に関する方針は？
> A9: 退会後の再登録は、新規登録として扱われます。
>
> Q10: 会員登録や退会手続きに関する問い合わせ先は？
> A10: サイト内の問い合わせフォームをご利用ください。

　もう少し充実させたかったので、「そのほか必要な項目を追加してください」と追加のプロンプトを送りました。すると、先の内容から想定されるFAQをChatGPTが考えて追加してくれました。自分が考えつかないようなアイデアも返ってきて、FAQをより充実したものにできます。

> そのほか必要な項目を追加してください。

> 以下、追加のFAQ項目を提案いたします。
>
> Q11: 会員登録ができない場合の対処法は？
> A11: エラーメッセージに従って、入力内容を確認・修正してください。それでも登録できない場合は、サイト内の問い合わせフォームよりお問い合わせください。

Q12: 支払い方法はどのようなものがありますか？
A12: クレジットカード、デビットカード、PayPalなど、複数の決済方法が利用できます。
詳細はサイト内の支払い方法ページをご確認ください。

Q13: 会員特典は何ですか？
A13: 会員特典には、限定コンテンツのアクセス、割引キャンペーン、会員限定イベントへの
招待などがあります。詳細はサイト内の会員特典ページをご確認ください。

Q14: プライバシーポリシーはどこで確認できますか？
A14: ウェブサイトのフッターメニューにあるプライバシーポリシーのリンクから、詳細を
確認できます。

Q15: セキュリティ対策はどのように行われていますか？
A15: 当サイトでは、SSL暗号化通信を利用してお客様の個人情報を保護しています。また、
定期的なセキュリティチェックを実施し、安全性を確保しています。

Q16: 登録した情報を削除したい場合はどうすればいいですか？
A16: サイトの会員ページで退会手続きを行うと　登録情報はすべて消去されます。退会を
ご希望の場合は、退会手続きをお　 ⟳ Regenerate response

ビジネスで役立つプロンプト集

　プロンプトのアイデアを紹介します。これをベースにして、ご自身のビジネスや業務に合わせた独自のプロンプトをどんどん作成していってください。あなたのメールの作成や提案書や見積もり、FAQの生成にChatGPTが活躍してくれます。

質問や要望の整理

　上司への質問や要望を明確かつ適切な言葉で伝えるプロンプト。

a. どのようにして上司に今週のミーティングで取り上げてほしいトピックを提案すればいいですか？

b. プロジェクトのデッドライン延期を上司に伝える適切な方法は何ですか？

c. 追加のリソースやサポートが必要なタスクについて、上司にどのように相談すればよいでしょうか？

意見やアイデアの表現

　新しいアイデアや提案を効果的に伝えるプロンプト、または上司のアイ

デアに対する意見や提案を伝えるプロンプト。

a. 新しいマーケティング戦略としてインフルエンサーとのコラボレーションを上司に提案するいい方法は何ですか？

b. 上司が提案したプロジェクト管理方法に対してチームメンバーの意見を取り入れることを効果的に提案する方法は何ですか？

c. リモートワーク環境の改善に向けてオンラインコミュニケーションツールの導入を上司に検討するように伝える適切な方法は何ですか？

フィードバックへの対応

上司からのフィードバックに対して感謝の表現や改善策を提案するプロンプト。

a. 先日いただいたフィードバックを活かして改善するための具体的なアクションプランは何ですか？

b. ネガティブなフィードバックを受けた後、次回のプレゼンテーションでどのようにデータをより詳細に分析し、具体的な提案を行うべきですか？

c. 新しいタスクについて、上司からの具体的な目標と期限を理解するためにどのような質問をすべきですか？

進捗報告やタスク管理

プロジェクトやタスクの進捗状況を効果的に伝えるプロンプト。達成目標や予定変更の報告、問題や遅延に対する報告と解決策提案を含むプロンプト。

a. プロジェクトが予定通り進んでいることを上司に効果的に伝える方法は何ですか？

b. タスクの遅れを上司に報告し、追加リソースの確保を求める適切な方法は何ですか？

c. 新しいタスクの優先順位を見直し、チームメンバーに適切に割り振るための最善の方法は何ですか？

上司との コミュニケーション

Section
02

上司との円滑なコミュニケーションは仕事のパフォーマンス向上に直結します。
ChatGPTを使ってコミュニケーション上の誤解や不明瞭な表現を減らしましょう。

ChatGPTを使えば誤解や不明瞭な表現が減っていく

上司との円滑なコミュニケーションは仕事のパフォーマンス向上に直結します。チームの生産性や目標達成にも大きく関わってくることなので、明確なコミュニケーションを心がけたいところですが、頭で考えて伝えるだけでは抜け漏れがあったり言葉足らずになったりして、誤解や不明瞭な表現になってしまうことがあります。

そうならないためにも、上司とコミュニケーションを取る前にChatGPTに相談してみてください。ここでは、次のような場合の上司とのコミュニケーションのシーンでChatGPTを活用する方法をお伝えします。

- 質問や要望の整理
- 意見やアイディアの表現
- フィードバックへの対応
- 進捗報告やタスク管理

各プロンプト作成時のポイントは、自身の状態や問題をしっかりと伝えて、詳細なアクションをアウトプットしてもらうことです。

上司に伝える質問や要望の整理に活用する

上司へ質問や要望を明確かつ適切な言葉で伝えたいときに、どのように

125

伝えればいいのか迷ったなら、ChatGPTに訊ねてみましょう。例えば次のようなプロンプトが使用できます。

- どのようにして上司に今週のミーティングで取り上げてほしいトピックを提案すればいいですか？
- プロジェクトのデッドライン延期を上司に伝える適切な方法は何ですか？
- 追加のリソースやサポートが必要なタスクについて、上司にどのように相談すればよいでしょうか？

このようなプロンプトをベースにして、状況などを詳細に追加していきます。ここでは次のようなプロンプトを入力しました。

どのようにして上司に今週のミーティングで取り上げてほしいトピックを提案すればいいですか。現在の状況は以下のとおりです。

会社や組織の文化：オープンな文化で上司はフレンドリーなコミュニケーションスタイルを好んでいます。
トピックの内容：リモートワーク環境の改善。レスポンスが悪いメンバーがいて困っている。
ミーティングの規模と参加者：決定権を持つ部長と私と同格のメンバーが1名、計3名。

ミーティングで取り扱ってほしいトピックを上司に伝える方法をChatGPTに教えてもらいます。背景にある会社の文化や困っていることなどの現状をプロンプトで伝えると、次のようなアウトプットが返ってきました。

どのようにして上司に今週のミーティングで取り上げてほしいトピックを提案すればいいですか。現在の状況は以下のとおりです。

会社や組織の文化:オープンな文化で上司はフレンドリーなコミュニケーションスタイルを好んでいます。
トピックの内容:リモートワーク環境の改善。レスポンスが悪いメンバーがいて困っている。
ミーティングの規模と参加者:決定権を持つ部長と私と同格のメンバーが1名、計3名。

上司に今週のミーティングで取り上げてほしいトピックを提案するために、以下の方法を試してみてください。

1. メールで提案する:
   上司にメールを送り、ミーティングでリモートワーク環境の改善について話し合いたい旨を伝えましょう。その際、ポイントを簡潔にまとめ、なぜこのトピックが重要なのか、どのような改善点を提案したいのかを説明してください。また、レスポンスが悪いメンバーの問題にも触れ、解決策を検討することがチームの生産性向上につながるとアピールしてみてください。
2. カジュアルな会話の中で提案する:
   オープンな文化で上司がフレンドリーなコミュニケーションスタイルを好むということですので、カジュアルな雰囲気の中で上司と会話をして、リモートワーク環境の改善についてミーティングで話し合いたいと提案してみましょう。その際、具体的な問題や改善策を簡単に紹介し、上司の意見も聞いてみると良いでしょう。
3. ミーティングのアジェンダを作成する:
   ミーティングに先立ち、アジェンダを作成し、リモートワーク環境の改善についての議題を含めてみてください。アジェンダを上司や同僚に共有し、ミーティングで取り上げることを提案してみましょう。

いずれの方法を選んでも、トピックがチーム全体の利益になるという点を強調し、上司が議論に興味を持つように働きかけてみてください。最後に、上司からフィードバックをもらい、提案を改善していくことが大切です。

「メールで提案する」「カジュアルな会話の中で提案する」「ミーティングのアジェンダを作成する」のように提案の方法を3つ助言してくれました。提案方法だけでなく詳細まで考えてくれているので、役立つ提案になっています。

上司へ伝える意見やアイデアの表現に活用する

新しいアイデアや提案を効果的に伝えたいときや、上司のアイデアに対

する意見や提案を伝えたいときに使用するプロンプトの例を考えてみましょう。例えば次のようなプロンプトが使用できます。

- 新しいマーケティング戦略としてインフルエンサーとのコラボレーションを上司に提案するよい方法は何ですか？
- 上司が提案したプロジェクト管理方法に対してチームメンバーの意見を取り入れることを効果的に提案する方法は何ですか？
- リモートワーク環境の改善に向けてオンラインコミュニケーションツールの導入を上司に検討するように伝える適切な方法は何ですか？

このようなプロンプトをベースにして、状況などを詳細に追加していきます。ここでは次のようなプロンプトを作成しました。

新しいマーケティング戦略としてインフルエンサーとのコラボレーションを上司に提案する良い方法は何ですか？現状は以下のとおりです。

会社や業界の背景：私たちの会社はSNSコンサルティングサービスのスタートアップで競合他社との差別化が重要です。

インフルエンサーコラボレーションの目的：新しいマーケティング戦略として、若年層に人気のインフルエンサーとのコラボレーションを提案したいです。目的はブランド認知度の向上と新製品のプロモーションです。

提案の詳細：期間は3ヶ月。予算は30万円です。

上司の好みや意思決定スタイル：上司はデータを基にした提案が好みです。

新しいマーケティング戦略としてインフルエンサーとのコラボレーションを思いついたので、これを上司に伝える方法をChatGPTに教えてもらいます。背景にある会社や業界の文化やアイデアの目的、詳細な数字などの現状をプロンプトで細かく伝えます。さらに、これを伝えるのがどんな上司かというところも伝えましょう。

　送信すると、次のようなアウトプットが返ってきました。

上司にインフルエンサーとのコラボレーションを提案するには、以下の方法を試してみてください。

1. データに基づく調査を行う：まず、インフルエンサーマーケティングの効果や成功事例について調査し、データを集めます。業界の背景や競合他社がどのような戦略を取っているのかも調べ、当社の現状と照らし合わせます。
2. 目標設定：上司の意思決定スタイルに合わせて、具体的な目標を設定します。例えば、「ブランド認知度を〇％向上させる」や「新製品の売り上げを〇％伸ばす」など、数値目標を明確にすることで、提案が説得力を持ちます。
3. インフルエンサーの選定基準を明確にする：インフルエンサーとのコラボレーションでは、適切なインフルエンサー選びが重要です。フォロワー数やエンゲージメント率、ターゲット層とのマッチング度など、選定基準を明確にし、具体的な候補者をリストアップします。
4. 実施プランとスケジュールの策定：コラボレーション期間や活動内容、投稿頻度などの具体的な実施プランを作成し、スケジュールを提示します。予算内で実現可能なプランを提示することが重要です。
5. ROI（投資対効果）の評価方法を提示する：プロジェクト終了後にどのように効果を測定するのか、具体的な評価方法や指標を示します。これにより、上司が提案の成果を把握しやすくなります。
6. 提案資料の作成：上記の内容をまとめたわかりやすい資料を作成し、プレゼンテーションを行います。データや具体例を用いた説明により、提案の説得力を高めます。

これらの方法を用いて、上司にインフルエンサーとのコラボレーションを提案することで、戦略の有効性や目標達成の可能性を明確に伝えることができるでしょう。

↻ Regenerate response

　データに判断材料の重きを置いている上司に対して有効な提案方法を6つ挙げてくれました。

上司からのフィードバックへの対応に活用する

　上司からのフィードバックにどのように反応していいか迷ってしまう人もいるのではないでしょうか。ポジティブなフィードバックに対して感謝を伝える、ネガティブなフィードバックに対して改善策を提案するなど、さまざまなフィードバック対応で使えるプロンプトの例を考えてみましょう。例えば次のようなプロンプトが使用できます。

- 先日いただいたフィードバックを活かして改善するための具体的なアクションプランは何ですか？
- ネガティブなフィードバックを受けた後、次回のプレゼンテーションではどのようにデータを分析し、具体的な提案を行うべきですか？
- 新しいタスクについて、上司からの具体的な目標と期限を理解するためにどのような質問をすべきですか？

　このようなプロンプトをベースにして、状況などを詳細に追加していきます。ここでは次のようなプロンプトを入力しました。

新しいタスクについて、上司からの具体的な目標と期限を理解するために、どのような質問をするべきですか？現状は以下のとおりです。

タスクの概要：競合他社のマーケティング戦略の調査を行うことになりました。同業である広告代理業界の現状を調査します。

上司のコミュニケーションスタイル：上司は率直でストレートな表現を用いたコミュニケーションを好みます。

現在把握している情報：現在、このタスクの目的は、競合分析を行い、自社の戦略を改善することだと理解しています。

上司からのフィードバックがあったとき、タスクの内容をより理解するためにどんな質問をすればいいか、ChatGPTに教えてもらいます。タスクの概要や上司のコミュニケーションの好みなど細かく伝えます。送信すると、次のようなアウトプットが返ってきました。

> 新しいタスクについて、上司からの具体的な目標と期限を理解するためにどのような質問をすべきですか？現状は以下のとおりです。
>
> タスクの概要：競合他社のマーケティング戦略の調査を行うことになりました。同業である広告代理業界の状況を調査します。
>
> 上司のコミュニケーションスタイル：上司は率直でストレートな表現を用いたコミュニケーションを好みます。
>
> 現在把握している情報：現在、このタスクの目的は競合分析を行い、自社の戦略を改善することだと理解しています。

> 以下の質問を上司にすることで、具体的な目標と期限を理解することができるでしょう。
>
> 1. どの競合企業を重点的に調査すべきですか？
> 2. 調査の主な焦点は、どのマーケティング手法や戦略に置くべきでしょうか？
> 3. この調査を通じて、どのような情報やインサイトを期待していますか？
> 4. 調査結果をどのような形式（レポート、プレゼンテーションなど）で提出すべきですか？
> 5. このプロジェクトの最終的な目標は何ですか？具体的な成果物やKPIを教えていただけますか？
> 6. タスクに関連する重要なマイルストーンや中間チェックポイントがあれば教えてください。
> 7. この調査にかけるべき期限はいつですか？
> 8. このプロジェクトで協力してくれるチームメンバーや部門があれば教えてください。
>
> これらの質問を通じて、タスクに関する具体的な目標と期限を把握しやすくなるでしょう。また、率直でストレートな表現を好む上司のコミュニケーションスタイルにも適合しています。

　「調査の主な焦点は、どのマーケティング手法や戦略に置くべきでしょうか？」など具体的な質問が8つ箇条書きで返ってきました。上司のコミュニケーションスタイルについて「率直でストレートな表現を用いたコミュニケーションを好みます」と入力したので、ダイレクトな表現で項目を抽出してくれているのがわかります。

　例えばこれが「フランクな上司で楽しく話すのが好き」「雑談をしながら

ブレストするのが好み」など上司のコミュニケーションスタイルの好みが
違ったら、また違った表現のアウトプットが返ってきていたでしょう。上
司に合わせて、コミュニケーションスタイルを調整していきましょう。

上司への進捗報告とタスク管理報告に活用する

　仕事をするうえでは、上司への進捗報告やタスク管理報告は欠かせませ
ん。プロジェクトやタスクの進捗状況を効果的に伝える場合や、問題や遅
延があった場合の報告と解決策提案を伝える場合のプロンプトの例を考え
てみましょう。例えば次のようなプロンプトが使用できます。

> - プロジェクトが予定通り進んでいることを上司に効果的に伝える方
>   法は何ですか？
> - タスクの遅れを上司に報告し、追加リソースの確保を求める適切な
>   方法は何ですか？
> - 新しいタスクの優先順位を見直し、チームメンバーに適切に割り振
>   るための最善の方法は何ですか？

　このようなプロンプトをベースにして、タスクの進捗遅れの報告とその
原因、改善案を詳細に追加していきます。ここでは次のようなプロンプト
を入力しました。

> タスクの遅れを上司に報告し、追加リソースの確保を求める適切な方
> 法は何ですか？現状は以下のとおりです。
>
> タスクの詳細：競合情報の収集と分析のタスクが遅れており、予定よ
> り2週間遅れが発生しています。
>
> 遅れの原因：遅れの原因はリソース不足と技術的な問題です。専門知
> 識を持っている追加の人員が必要です。

必要な追加リソース：追加で2名必要です。

上司のコミュニケーションスタイル：上司はデータを基にした報告が
好みです。

送信すると、次のようなアウトプットが返ってきました。

タスクの遅れを上司に報告し、追加リソースの確保を求める適切な方法は何ですか？現状
は以下のとおりです。

タスクの詳細: 競合情報収集と分析のタスクが遅れており、予定より2週間遅れが発生して
います。

遅れの原因: 遅れの原因はリソース不足と技術的な問題です。専門知識をもっている追加の
人員が必要です。

必要な追加リソース:現状2名。追加で2名必要です。

上司のコミュニケーションスタイル: 上司はデータを基にした報告が好みです。

遅れを報告し、追加リソースを確保するために以下の手順を踏んでください。

1. データの収集: 上司がデータを基にした報告を好むため、遅れに関するデータを整理しま
   しょう。遅れの原因や影響、追加リソースがもたらすであろう効果を具体的な数字や事
   例で示すことが重要です。
2. 報告書の作成: 上司に提出する報告書を作成します。以下の項目を含めてください。
   * タスクの状況: 現在の進捗状況と予定より2週間遅れていることを明記します。
   * 遅れの原因: リソース不足と技術的な問題が遅れの主な原因であることを説明しま
     す。
   * 追加リソースの必要性: 追加で2名の専門知識を持つ人員が必要であることを説明し、
     その理由を具体的に示します。
   * 追加リソースの効果: 追加リソースが確保された場合、どのような効果が期待できる
     かを明確に示します。
3. ミーティングの設定: 上司とのミーティングをスケジュールし、報告書を事前に共有して
   おきます。これにより、上司が報告書を確認し、ミーティングで質問や懸念事項を話し
   合いやすくなります。
4. ミーティングでの説明: ミーティングでは報告書の内容を説明し、遅れの状況と追加リソ
   ースの必要性を強調します。上司が納得できるように、具体的なデータや事例を用いて
   説明しましょう。
5. フォローアップ: ミーティング後、上司からのフィードバックや指示に従って行動しまし
   ょう。追加リソースが確保された場合は、その活用方法や進捗状況を定期的に報告する
   ことが重要です。

アウトプットを見ると、ChatGPTが「こういうふうに上司に伝えたらどうですか」といくつか提案をしてくれているのがわかります。参考にして進めるとスムーズな報告ができそうです。

 具体的なクライアントの売上金額や固有名詞はプロンプトに含めないほうがいい

　ChatGPTに仕事の詳細を入力する際には、プライバシーとセキュリティについて充分に注意しなければなりません。

　プロンプトに含まれた情報は、ChatGPTを運営しているOpenAIのサーバーに学習されます。守秘義務は保たれているはずですが、具体的なクライアントの売上金額や固有名詞はプロンプトに含めないようにしましょう。

Section 03 同僚との コミュニケーション

ChatGPTを使って同僚とのコミュニケーションを効率化しましょう。プロジェクト管理やタスクの割り振りなどの、さまざまな提案に使えます。

プロジェクト管理とタスクの割り振り

次は同僚とのコミュニケーションにChatGPTを活用する際のプロンプトについて解説します。まずは、プロジェクト管理とタスクの割り振りについてです。ChatGPTに、プロジェクトの進捗報告やタスクの割り振りに関する文章をアウトプットしてもらう際には、次のようなプロンプトが使用できます。

- プロジェクトの進捗状況をまとめるメール
- タスクの割り振りや期限の設定
- プロジェクトのマイルストーンと期限の一覧
- チームミーティングのアジェンダ
- 遅延リスクへの対策提案

このようなプロンプトをベースにして、状況に合わせた情報の詳細を追加していきます。ここでは2つ目のプロンプトをベースに、次のように入力しました。

同僚と共有するためにタスクの割り振りや期限の設定をしてください。現状は以下のとおりです。

プロジェクトの概要や目的：6ヶ月後の市場投入に向けて新製品を開

発する

プロジェクト参加メンバー：4名

タスクに関連するチームメンバーの役割と責任：役割と責任、優先度、依存関係、期限の柔軟性、そして報告が必要かどうかを考慮して具体的なタスクと期限を提案してください。

プロンプトを送ると、チームメンバーの役割とそのタスクと期限をそれぞれ決めてくれています。

同僚と共有するためにタスクの割り振りや期限の設定をしてください。現状は以下のとおりです。

プロジェクトの概要や目的:6か月後の市場投入に向けて新製品を開発する
プロジェクト参加メンバー:4名
タスクに関連するチームメンバーの役割と責任:役割と責任、優先度、依存関係、期限の柔軟性、そして報告が必要かどうかを考慮して、具体的なタスクと期限を提案してください。

プロジェクトの概要や目的:6か月後の市場投入に向けて新製品を開発する
プロジェクト参加メンバー:4名

以下は、チームメンバーの役割と責任に基づいてタスクの割り振りと期限を設定する提案です。

1. プロジェクトマネージャー (PM)

- タスク:プロジェクト計画の策定、進捗管理、リソースの調整、問題解決、定期的な報告
- 期限:プロジェクト全体を通して

2. 設計エンジニア (DE)

- タスク:新製品の設計、設計変更の管理、製造チームとの連携
- 期限:設計完了までに2ヶ月 (進行状況に

よって柔軟性を持たせる)

3. 製造エンジニア (ME)

- タスク:製造プロセスの開発、生産能力の確保、品質管理
- 期限:生産プロセスの設計完了までに2ヶ月、量産体制の確立までに1ヶ月

4. マーケティング担当者 (MK)

- タスク:市場調査、商品ラインナップの決定、販売促進計画の策定、顧客とのコミュニケーション
- 期限:市場調査と商品ラインナップの決定までに2ヶ月、販売促進計画の策定までに1ヶ月

依存関係:

プロジェクト参加メンバーを4人としたので、プロジェクトマネージャー・設計エンジニア・製造エンジニア・マーケティング担当者という役割を設定したうえで依存関係や報告という細かいところまで書いてくれています。修正したい項目があれば、適宜修正して自身のプロジェクトに合ったタスクの割り振りを作成しましょう。

チーム内での情報共有とアイデアのブレインストーミング

　ChatGPTは、情報共有やアイデア出しに関する文章の生成が得意です。チーム内での情報共有とアイデアブレインストーミングにも、ChatGPTを活用していきましょう。次のようなプロンプトが使用できます。

- チーム内での重要なお知らせの作成
- プロジェクトの課題や問題点の共有
- アイデアブレインストーミングのセッションの提案
- チーム内でのフィードバックの募集
- 成果物やアイデアの評価基準

　このようなプロンプトをベースにして、状況に合わせた情報の詳細を追加していきます。ここでは3つ目のプロンプトをベースに次のようなプロンプトを入力しました。

　同僚にアイデアブレインストーミングのセッションを提案してください。現状は以下のとおりです。

　セッションの目的や目標：顧客のニーズを反映した新商品のアイデアを得ること
　参加者の人数、職種や専門分野：参加者は10人で、製品開発部門、マーケティング部門、デザイン部門から選出
　セッションの形式や手法：グループワークによるアイデア出しをメイ

ンにする。

セッションの時間枠や場所：会議室を予約。2時間の予定。

セッションの成果物：アイデアリストの作成

「セッションの成果物」という項目で、アイデアリストの作成まで持って
いきたいという希望を書きました。プロンプトを送ると次のような結果が
返ってきました。

IN　同僚にアイデアブレインストーミングのセッションの提案をしてください。現状は以下のと
おりです。

セッションの目的や目標:顧客のニーズを反映した新商品のアイデアを得ること
参加者の人数、職種や専門分野:参加者は10人で、製品開発部門、マーケティング部門、デ
ザイン部門から選出
セッションの形式や手法:グループワークによるアイデア出しをメインとする。
セッションの時間枠や場所:会議室を予約。2時間の予定。
セッションの成果物:アイデアリストの作成

こんにちは、アイデアブレインストーミングのセッション提案についてお手伝いできます。
以下は提案の例です。

件名：新商品開発のためのアイデアブレインストーミングセッションの提案

本文：

みなさま、

こんにちは。私たちの製品開発チームは、常に市場のニーズを反映した新しい商品を開発す
ることを目指しています。そのため、製品開発部門、マーケティング部門、デザイン部門か
ら10名の参加者を選出し、アイデアブレインストーミングセッションを行うことを提案し
ます。

セッションの目的は、顧客のニーズを反映した新商品のアイデアを得ることです。参加者の
方々は、それぞれの専門分野からの視点を持っていますので、グループワークによるアイデ
ア出しをメインとする形式で行います。

会議室を予約し、2時間の予定でセッションを行います。成果物としては、アイデアリスト
を作成し、今後の製品開発の参考とします。

このセッションにより、顧客のニーズを反映した新しい商品のアイデアを共有し、新たな製
品開発の方向性を模索することが期待されます。ぜひ、ご参加いただけますようお願いいた
します。

何卒よろしくお願いいたします。

以上、提案例となります。ご参考にしていただけますと幸いです。

同僚に対して新商品開発のためのアイデアブレインストーミングの提案
をするメールの文章になっています。

「みなさま、こんにちは」からはじまり、アイデアブレインストーミング
の詳細について詳しく書いてくれています。今回はプロンプトに開催の日
付や時刻を入力しなかったので、その項目がありません。実際にメールを
送る際に手直ししてから使用してもいいですし、追加のプロンプトを送っ
て書き直してもらってもいいでしょう。

研修や教育資料の作成

　スキルアップのために勉強会や研修を行う会社も多いと思います。研修
や教育資料の作成にもChatGPTが役立ちます。次のようなプロンプトが使
用できます。

- 新入社員向けのオリエンテーション資料
- 社内研修のアジェンダと内容
- チームビルディング活動の提案
- 業務知識やスキル向上のためのリソースリスト
- ワークショップやセミナーの企画概要

　このようなプロンプトをベースにして、状況に合わせた情報の詳細を追
加していきます。ここでは一番下のプロンプトをベースにして、次のよう
に入力しました。

ワークショップやセミナーの企画概要を作成してください。現状は以
下のとおりです。

ワークショップやセミナーの目的と目標：新製品の販売促進
対象者（例：社員、顧客、パートナーなど）と参加者の人数：営業チ
ームとマーケティングチームの社員 参加者は50人

ワークショップやセミナーの内容やテーマ：新しい製品の特徴や利点、販売戦略の概要を説明し、参加者が販売促進についてより深く理解する

ワークショップやセミナーの形式やスケジュール：プレゼンテーション、グループディスカッション、デモなどを含むフルデイのイベント

ワークショップやセミナーの予算や場所、必要な備品：予算は10万円前後で、会場は社内の大ホールを利用する予定。必要な備品は、プロジェクターやホワイトボードなどです。

　ChatGPTが出してくれた企画書がこちらです。箇条書きで伝えたそれぞれの項目についてきれいに整理されているのがわかります。こちらが入力した以外の情報も含まれていて、かゆいところに手が届く企画書ができあがりました。

ワークショップやセミナーの企画概要を作成してください。現状は以下のとおりです。

ワークショップやセミナーの目的と目標:新製品の販売促進
対象者（例：社員、顧客、パートナーなど）と参加者の人数:営業チームとマーケティングチームの社員 参加者数は50人
ワークショップやセミナーの内容やテーマ:新しい製品の特徴や利点、販売戦略の概要を説明し、参加者が販売促進についてより深く理解する
ワークショップやセミナーの形式やスケジュール:プレゼンテーション、グループディスカッション、デモなどを含むフルデイのイベント
ワークショップやセミナーの予算や場所、必要な備品:予算は10万円程度で、会場は社内の大ホールを利用する予定。必要な備品は、プロジェクターやホワイトボードなどです。

以下は、新製品の販売促進を目的とする、営業チームとマーケティングチームの社員50人を対象とするワークショップ/セミナーの企画概要です。

目的と目標:
新しい製品の販売促進を目的とし、参加者が新製品の特徴や利点、販売戦略について理解を深め、販売促進のスキルを向上させることを目標とする。

対象者と参加者の人数:
営業チームとマーケティングチームの社員を対象とし、参加者数は50人。

内容やテーマ:
・新製品の特徴や利点の説明
・販売戦略の概要の説明
・販売促進についてのグループディスカッション
・デモンストレーション

形式やスケジュール:
フルデイのイベントで、以下のような形式で実施する。
・プレゼンテーション（午前中）
・グループディスカッション（昼休憩後）
・デモンストレーション（午後）

予算や場所、必要な備品:
予算は10万円程度で、会場は社内の大ホールを利用する予定。必要な備品は、プロジェクター、スクリーン、ホワイトボード、マイク、スピーカーなど。また、昼食と軽食、飲み物などの準備も必要である。会場のセットアップや清掃の費用も考慮する必要がある。

↺ Regenerate response

Send a message...

ChatGPT Mar 23 Version. ChatGPT may produce inaccurate information about people, places, or facts.

ブラウジング機能について

　有料プランではブラウジング機能が利用可能です。ブラウジング機能をオンにするとChatGPTがインターネット上の情報を検索できるようになるので、ChatGPTのデータベースにない最新の情報を知りたいときなどに役立ちます。

ブラウジング機能をオンにする
画面左下のアカウント名をクリックし、「settings」をクリックします。表示されたメニューから「Beta futures」を選び、「Web browsing」をオンにします。これでブラウジング機能が使えるようになりました。

Section 04

会議の計画や進行

ChatGPTを使って、効率的な会議を行いましょう。会議中の質問やコメントを促す質問から、時間管理や会議後の要約資料作成まで幅広くChatGPTが活躍します。

会議前の準備を助けるプロンプト集

ChatGPTは効果的な会議を行うためのあらゆる場面で活用できます。まずは会議の準備段階からですが、準備段階では次のようなプロンプトが使用できます。

アジェンダ作成のプロンプト例

- 新製品のローンチに関するマーケティングチーム会議のアジェンダを作成してください
- 経営戦略会議で議論すべき主要なトピックをリストアップしてください
- 営業チームと技術チームの共同会議のアジェンダを提案してください

参加者への連絡文面作成のプロンプト例

- 明日のプロジェクト会議に参加するメンバーへの連絡メールを作成してください
- 今週の金曜日に開催されるチームビルディングイベントの招待状を作成してください
- 緊急の部署会議の開催を知らせるための通知を作成してください

会議の目的と目標設定のプロンプト例

- 今回のプロジェクト打ち合わせの目的と達成すべき具体的な目標を設定してください

- 経営陣向けの戦略会議で取り上げるべき長期的なビジョンを明確にしてください
- 部門間連携を強化するためのワークショップの目的と目標を定めてください

アジェンダ作成の例

　このようなプロンプトをベースにして、状況に合わせた情報の詳細を追加していきます。ここではアジェンダ作成のプロンプトをベースにして、次のように入力しました。

> 新製品のローンチに関するマーケティングチーム会議のアジェンダを作成してください。
> 状況は以下のとおりです。
>
> 会議の目的：新しいスマートフォンのローンチに関するマーケティングチーム会議。
> 製品のターゲット：18歳から35歳の若者
> 重視するポイント：主にSNSを活用した宣伝戦略を議論したい
> 時間配分：90分

　アウトプットを見ると、「開会のあいさつ（5分）」からはじまって、時間配分までしっかり整ったアジェンダが作成されているのがわかります。修正点があれば、追加でプロンプトを送信して直してもらいましょう。

新製品のローンチに関するマーケティングチーム会議のアジェンダを作成してください。状況は以下のとおりです。

会議の目的:新しいスマートフォンのローンチに関するマーケティングチーム会議。
製品のターゲット:18-35歳の若者
重視するポイント:主にSNSを活用した宣伝戦略を議論したい
時間配分:90分

新製品ローンチマーケティングチーム会議アジェンダ

日時: 未定
場所: 未定
参加者: マーケティングチーム全員

1. 開会のあいさつ (5分)
   * 会議の目的とアジェンダの確認
2. 新製品スマートフォンの概要説明 (10分)
   * 製品の特徴とターゲット層 (18-35歳の若者)
3. SNSを活用した宣伝戦略 (45分)
   a. SNSプラットフォームの選定
   - 主要なSNSプラットフォームの詳細と利点
   - ターゲット層に適したプラットフォームの選定
   b. コンテンツ戦略
   - 魅力的なコンテンツの作成方法
   - キャンペーンやコラボレーションのアイデア
   c. 広告戦略
   - 広告予算とターゲティング方法
   - 効果的な広告コピーの作成
   d. KPIと目標設定
   - 実施するSNSマーケティング活動のKPI
   - 達成すべき目標設定
   e. ディスカッション
   - 議論や質疑応答、意見交換
4. ローンチイベント企画 (20分)
   * ローンチイベントの概要
   * イベントプロモーションのSNS活用
   * イベントの成功要因と目標達成方法
   * ディスカッション
5. マーケティングチームの役割分担とタイムライン (5分)
   * 各チームメンバーの役割
   * 重要なマイルストーンとタイムラインの確認
6. その他のアイデアや提案 (5分)
   * 新しいアイデアや提案の共有
7. 会議のまとめと次回の予定 (5分)
   * 今回の会議で決定した事項のまとめ
   * 次回の会議日程と場所の確認

会議中の質問やコメントを考えるプロンプト例

　会議中にいい質問ができれば議論が活性化します。また、気の利いたコメントを誰かが発したことを皮切りに、煮詰まった議論が進展することもよくあります。このような会議で使える質問やコメントもChatGPTに考えてもらいましょう。次のようなプロンプトが使用できます。

議論を促進する質問のプロンプト例

- 新しいマーケティング戦略について意見交換を促す質問を提案してください
- プロジェクトの進捗状況を確認するための質問をリストアップしてください
- 営業目標に対するチームの取り組みや課題について議論を深める質問を挙げてください

会議の雰囲気を和らげるアイスブレイクのプロンプト例

- 会議の冒頭で使える軽いジョークやエピソードを提案してください
- オンライン会議で短時間で実施できるアイスブレイクのアクティビティを教えてください
- チームメンバーの関心を引く話題やトリビアを紹介してください

時間管理や進行役を助けるプロンプト例

- 議論が長引いた際に進行をスムーズに戻すフレーズを提案してください
- 各議題の時間配分を効果的に管理するためのアドバイスを教えてください
- 会議の進行を円滑にするための役割分担やルールの提案をしてください

進行をスムーズに戻すフレーズ作成の例

　上記のようなプロンプトをベースにして、状況に合わせたコメントを作成してもらいましょう。ここでは次のようなプロンプトを作成しました。

「時間が限られているので、要点に戻りましょう」や「話が逸れてきているようですね。再び本題に集中しましょう」「深く掘り下げる前に次の議題に移りましょう」などの、話を本題に戻そうと促す効果がある使えそうなフレーズがアウトプットされました。

IN　議論が長引いた際に進行をスムーズに戻すフレーズを提案してください

議論が長引いた際に進行をスムーズに戻すために、以下のフレーズを提案いたします。

1. 「皆さん、時間が限られているので、要点に戻りましょう。」
2. 「話が逸れてきているようですね。再び本題に集中しましょう。」
3. 「これ以上深く掘り下げる前に、次の議題に移りましょう。」
4. 「この点は後で個別に議論することにして、今は次のトピックに進みましょう。」
5. 「要点にフォーカスし、効率的に話し合いを進めるために、話題を絞りましょう。」
6. 「時間の関係上、今日の議題に戻りましょう。」
7. 「これは興味深いポイントですが、今回の目的に沿って議論を進めましょう。」

上記のフレーズは、柔らかい言い回しを用いつつも、話を本題に戻すことを促す効果があります。状況に応じて適切なフレーズをお使いいただければと思います。

議論を深める質問作成の例

次は、議論を深めるための質問のフレーズを作成してもらいましょう。ここでは次のようなプロンプトを作成しました。

10個の質問フレーズがアウトプットされました。どれを使うのかは実際の会議の場の空気や状況によって変わってきますが、事前に準備しておく

ことでより会議がスムーズに転がっていくでしょう。

営業目標に対するチームの取り組みや課題について議論を深める質問を挙げてください

営業目標に対するチームの取り組みや課題を深く議論するために、以下の質問を提案します。

1. 営業目標は明確で達成可能なものですか？チームは目標に対して共通の理解を持っていますか？
2. これまでの営業活動の中で、どのような戦略や手法が効果的だったと感じますか？
3. チーム内での情報共有やコミュニケーションは円滑に行われていますか？
4. 売上目標を達成するために、チームはどのような戦略やアクションプランを立てていますか？
5. 目標達成のためのリソースやサポートは十分に提供されていますか？
6. チームメンバーのモチベーションやエンゲージメントを高める方法は何ですか？
7. 営業チームが抱える課題や障害に対処するための戦略は何ですか？
8. 営業チームのスキルセットや能力を向上させるために、どのような研修やサポートが必要ですか？
9. 目標達成に向けて、チームが改善や改革を実施すべき分野は何ですか？
10. 進捗状況を定期的に評価し、フィードバックを提供する方法は何ですか？

これらの質問を通じて、チームの営業目標に対する取り組みや課題をより深く理解し、効果的な解決策を見つけることができます。

会議の資料を作成するプロンプト集

時間がかかる会議の議事録や資料の作成にもChatGPTが活躍します。次のようなプロンプトを使用して、資料作成の時間を短縮しましょう。

会議の要約作成のプロンプト例

- 昨日のプロジェクト会議の議事録を作成してください
- 取締役会で話し合われた重要ポイントを要約してください
- 部署間の打ち合わせで合意されたアクションプランをまとめてください

アクションアイテムのリスト作成のプロンプト例

- 今回の会議で決定されたタスクと担当者をリストアップしてください
- プロジェクトの次のステップとして必要なアクションアイテムを挙げて

147

ください

- 新製品開発チームの今後の活動に関連する重要なタスクをまとめてください

会議後の要約資料作成の例

このようなプロンプトをベースにして、状況に合わせた会議の資料を作成してもらいましょう。ここでは会議後の要約資料を作成するために、次のようなプロンプトを入力しました。

今回の会議で決定されたタスクと担当者をリストアップしてください。詳細は以下のとおりです。

会議のテーマや目的：新製品の開発計画を立てる
会議に出席した参加者の名前：田中・田村・山本
会議で取り上げた課題：マーケティング戦略、製品設計、生産計画
優先度：生産可能期間の状況を確認することが最優先
タスクの期限：3週間以内

アウトプットを確認すると、箇条書きで簡潔にまとめたうえで注釈で補足するわかりやすい資料になっています。ChatGPTを使って効果的で効率的な会議を実現してください。

会議で決定されたタスクと担当者は以下の通りです。

1. マーケティング戦略の策定
   担当者: 田中
   期限: 3週間以内
2. 製品設計の作成
   担当者: 田村
   期限: 3週間以内
3. 生産計画の立案
   担当者: 山本
   期限: 3週間以内

最優先事項として、生産可能期間の状況を確認するため、山本が生産計画を立案することが重要です。その後、田中がマーケティング戦略を策定し、田村が製品設計を行うことが求められています。全てのタスクは3週間以内に完了することが期待されています。

プライバシーと
セキュリティの注意点

ChatGPTをビジネス利用する際には特に、個人情報と秘密情報の取り扱いに注意が必要です。社内ルールの設定やセキュリティ環境の確保など注意点を把握しましょう。

ビジネス利用時の個人情報・秘密情報の取り扱いについて

　先にも述べましたが、ChatGPTには自然言語処理という技術が使われており、その学習データには人間が生み出したさまざまな情報が含まれています。この情報の中には個人情報や秘密情報が含まれている可能性があるため、特にビジネスで利用する際には注意が必要です。

個人情報を適切に保護する

　アウトプットの内容に個人情報が混ざっていないかを確認するのはもちろんですが、インプットのときにも、個人情報を含まないように気をつけましょう。例えばお客様との会話の内容などをアウトプットしてもらうときでも、プロンプトにお客様の個人情報を入力するのはよくありません。個人情報を適切に保護しながらChatGPTを使いましょう。

業務上の秘密情報

　個人情報だけでなく、業務上の秘密情報も同じです。例えば会社の売上や表に出ていない情報などをプロンプトに含めるとOpenAIのサーバーにその情報が入ってしまうことになるので、注意が必要です。

社内ルールやポリシー作り

　法律や社会的なルールはもちろん、倫理に基づいてChatGPTを使用する

ことが大事です。

　業務でChatGPTを利用する際は、社内でガイドラインを設けておくのも一つの選択肢でしょう。

ChatGPTの利用者管理

　ガイドラインでは、ChatGPTの使用に関して誰がどのような権限を持っていて何にアクセスできるのかというところを明確にしておくのも大事です。例えば会社のメールアドレスでアカウントを作成してユーザーごとの権限を細かく設定しておくなどすると、情報漏洩のリスクの低減につながります。

ChatGPT利用時のセキュリティ環境

　根本のところにはなりますが、ChatGPTを安全に利用するためには、そもそもの企業内の安全なセキュリティ環境を確保しておかなければなりません。ChatGPTを使うときには暗号化通信を利用するなど、しっかりとセキュリティが保たれたネットワークの中で使っていくようにしましょう。

第 **6** 講

ChatGPTの
API

APIとは

アプリケーション開発において欠かせない重要な技術である「API」とはどんなものでしょうか。技術や未来性など、APIの概要について解説します。

APIの仕組み

APIとは、Application Programming Interfaceの略で、アプリケーション同士がデータをやり取りするための仕組みのことをこう呼びます。

APIを使うことで、開発者はアプリケーションの開発に必要な機能や処理を使いたい人に提供でき、開発者はAPIを利用してアプリケーションの開発をスムーズに進められます。

LINE、Facebook、YouTube、チャットワークなど、たくさんのサービスがAPIを提供してくれていて、開発者はこれを使うことで、これらのサービスと連携した自社のサービスを開発しています。

ChatGPTもAPIを公開しているので、現在進行形でChatGPTAPIを使った優れたアプリケーションが世の中に広がっていっています。

「ChatGPTみたいな機能を自社でも作りたいな」と思ったときに、ChatGPTのような機能を一から自社で開発しなくても、ChatGPTのAPIを使えばChatGPTそのものを自社のサービス内で利用できます。これは、開発者にとって非常に効率がいいものになっています。

APIの仕組み

ChatGPTの機能を自社のサービスで使いたい！

要求 ChatGPT API 返答

ChatGPTをみんなに使ってもらいたい！

開発者　　　　　　　　　　OpenAI

API使用時の注意点

　APIは非常に便利な仕組みですが、使用時には注意すべき点もあります。例えば、API発行側がシステムのアップデートをした際に、使わせてもらっている側のサイトでうまくシステムの相性が合わなくてエラーが出るということが起こります。

　このような場合は、追って情報が出てくるので、最新の情報をキャッチして臨機応変に対応しなければなりません。

AI技術とAPIの未来性

　現状でも便利に利用されているAPIですが、今後は特にAIを利用したAPIの需要が増えていくと予想されます。

　AIによる自然言語処理技術がどんどん発展していく中、今後は従来のAPIにはない機能を提供することができるようになっていくはずです。新しい技術が需要に応じて進化していき、より高度な機能や処理を提供できるようになる未来がやってくるでしょう。

　今現在はAPIを自社サービスに導入するためには、プログラミングなどの知識が必要です。現状では導入のハードルは高めですが、これもより容易に活用できる時代が来る可能性もあります。

　今も今後もAPIはアプリケーション開発において欠かせない重要な技術です。今は開発を必要としていない方も、自社のサービスにAPIが使えないか一度考えてみると面白いかもしれません。現時点では導入しないという方も、APIを使って何ができるのか、APIとはどんなものなのかというところは知っておいていただければと思います。

ChatGPT APIの概要

ChatGPTが公開しているChatGPTAPIとは、どのようなものでしょうか。
ChatGPTAPIの特徴やできることなどを紹介します。

ChatGPTAPIの特徴

　ChatGPTの機能を外部で利用するための橋渡し的な役割をしてくれるのが、ChatGPTAPIになります。ChatGPTAPIを使えば、わざわざブラウザからChatGPTのページを開かなくても、皆さんが作った独自のアプリ、自社のウェブサイトなどのあらゆるところでChatGPTの機能そのものを使うことができます。

　ChatGPTは非常に人間らしい自然な会話を生成できるのが特徴です。また複数の言語にも対応しているので、使い方のアイデアは無数に存在します。ChatGPTはAPIにより、いろんな外部のアプリやウェブサイトに組み込まれて今後ますます普及していくことが予想されます。

現状のChatGPTAPI利用例

　現状ChatGPTのAPIは、どのように使われているのでしょうか。主な用途として考えられるものをいくつか紹介します。

自動返信システムの構築

　ChatGPTを使ったチャットbotやカスタマーサポートなどの自動応答の機能を、自身のアプリやウェブサイトに組み込むことができます。これまではチャットの問い合わせに人力で対応していた会社は、自動返信チャット

botの導入で効率化できます。

文章の生成

　ChatGPTでできる文章生成機能を、そのまま自身のアプリやウェブサイトに組み込むことが可能です。自社のサービスの中でシームレスにAI文章を作成してもらいましょう。

概要の作成

　ChatGPTはレポートなどの長い文章を要約したり、難しい文章を理解しやすいかんたんなニュアンスに書き直したりなど、文章の概要の作成が得意です。例えばウェブ上で膨大な量のコンテンツを公開しているなら、サイト内にChatGPTを組み込んであげることでユーザーはコンテンツを要約できるようになり、情報収集の効率化が図れるようになります。

FAQのシステム構築

　カスタマーサポートページのFAQシステムにAPIを使えば、「よくある質問」や「よくある回答」などを効率よく見せられ、疑問解決の時間短縮につながります。

　今までは、FAQの中からユーザー自身が自分の困っていることを探さなければならなかったので時間がかかっていましたが、ChatGPTAPIを使ったシステムなら、文字で「こんなことが困っています」と訊ねるだけで最適な答えを導いてくれるという仕組みを構築することも可能です。

翻訳

　複数言語に対応しているChatGPTのAPIを使うことで、自社のサービス内でグローバルなコミュニケーションが容易になってくるでしょう。日本語でしか対応できなかった会社も、海外のユーザーやクライアントに柔軟に対応できるようになります。

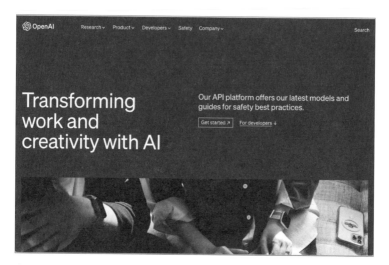

OpenAI API

https://openai.com/product

Section 03 APIキーの取得方法

それでは実際にChatGPTのAPIキーを取得してみましょう。取得の手順はかんたんですが、APIキーのメモだけは忘れないようにしてください。

ChatGPTのAPIキーの取得手順

APIは提供元の発行する「APIキー」を使って使用します。本節では具体的なChatGPTのAPIキーの取得方法を伝えていきます。APIキー自体は無料で取得できます。

https://openai.com/productにアクセスし、「Get Started」ボタンをクリックします。

「Create Your Account」のページが開くので、アカウントを作成します。現在使用しているアカウントで利用する場合はログインします。

右上の自分のアイコンをクリック→メニューの中から「View API Keys」をクリックします。

画面中央の「Create New Secret Key」ボタンをクリックします。

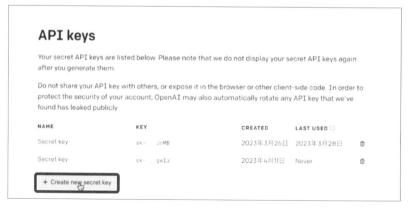

「Create Secret Key」をクリックします。

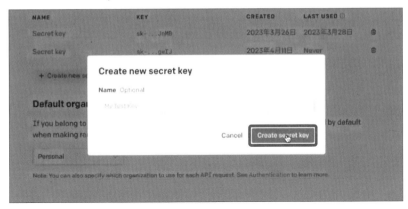

APIキーが作成されました。右側のアイコンをクリックしたらAPIキーの文字列をコピーできます。この文字列は必ずこの段階でメモ帳などに保存しておいてください。今後このキーは自分でも見ることができません。メモし終わったら「Done」をクリックします。

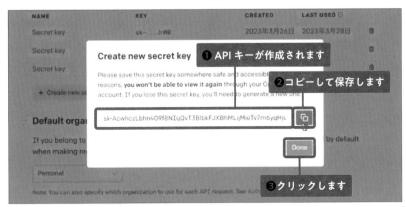

元のページに戻ります。今後APIキーはこのような省略した形でしか表示されません。APIキーは忘れないようにしっかりメモしておきましょう。

API キーは省略した形でしか表示されない

APIキーを忘れたら

　APIキーの文字列を忘れてしまった場合も、同じAPIキーの再発行はできません。ただしAPIキーは複数作れるので、忘れてしまった場合は新規でAPIキーを発行しましょう。

Section 04

APIの料金と 利用制限

ChatGPTのAPIは5ドル分までは無料で使用可能です。まずは無料からはじめて、ビジネスなどで本格的に利用するならば有料を検討していきましょう。

ChatGPTAPIの料金

　ChatGPTのAPIは基本的には有料で使用するサービスになります。2023年5月時点の利用料金は1000トークンあたり0.002ドルです。130ドル換算すると、0.002ドルは0.26円ぐらいになります。

1000トークンの文字量

「トークン」という単位に馴染みのない人も多いと思います。英語の場合は、「1単語＝1トークン」としてカウントされ、カンマ・ピリオド・クエスチョンなどの記号も1トークンにカウントされます。日本語の場合はこれと違い「1文字＝1トークン」が基本です。ただし、カタカナ・ひらがなは1文字で1トークンですが、漢字は1文字で2〜3トークンになるので注意してください。

5ドル分までは無料で利用できる

　2023年5月段階では、5ドル分までは無料で利用可能になっています。
　1文字1トークンで、1000トークンの料金が0.002ドル計算での5ドル分はどのくらいの文字量になるのでしょうか。大体ですが、シンプルな数行のやりとりなら100回程度までなら無料で利用できると考えてよいでしょう。
　無料分だけ使いたいと思っていても、5ドル分を超えたら有料になってしまいます。お客様に無制限に使われて自分の知らない間に利用料金が上

がっていくかもしれないので、利用は計画的に行ってください。

上限の設定もできる

　利用料金が気になる場合は、API利用上限を設定することが可能です。ただし、上限を設定してしまうと、その上限に達した時点でChatGPTからの応答が止まってしまいます。つまり、サービスが止まってしまうということになるので、利用者であるお客様に迷惑がかかってしまいます。

　上限を設定する場合は、ユーザービリティと照らし合わせて細かな調整が必要になってくるでしょう。

第 **7** 講

ChatGPTが
ビジネスに
革命を起こす

7

コミュニケーションの変革

ChatGPTを活用したビジネスコミュニケーションの変化について解説します。Chat GPTにより、ビジネスはさらに効率的で創造力に富んだものになっていくでしょう。

ChatGPTでビジネスコミュニケーションが変化する

　第7講では、ChatGPTの登場によってビジネスにもたらされた革命についてお話ししていきます。まずはコミュニケーション活用からです。ChatGPTにより、ビジネスコミュニケーションが格段に効率的になりました。具体的には、次のようなコミュニケーション変革が起こっています。

- テキストベースのコミュニケーションの向上
- 顧客対応の進化
- 内部コミュニケーションの強化
- コミュニケーションの新たな可能性の実現

　コミュニケーション変革の実現で、ビジネスはより効率的で創造力に富んだものになっていくでしょう。ビジネスは変革の波を乗り越えて新たな価値を創造していけます。これまでのお話と重複するところはありますが、ChatGPTがもたらすビジネスコミュニケーションの変化について、一つずつ解説します。

テキストベースのコミュニケーションの向上

　次のような項目で、ChatGPTがテキストベースのコミュニケーションの向上をもたらします。

- メールやチャットの自動生成・改善
- 言語の壁を越える多言語対応
- クリアで効果的な伝達のための最適化

　自動で文章を生成し改善できるようになることで、専門知識がない人でもスムーズで効果的なコミュニケーションが可能になります。また、多言語の対応が可能なので、言語の壁を越えて世界中の人々とつながることが安易になります。特にこの多言語対応の部分はコミュニケーションという面を考えたうえで、かなり大きなところになるでしょう。

顧客対応の進化

　次のような項目で、ChatGPTが顧客対応の進化をもたらします。

- 24時間対応のチャットbotによる顧客サポート
- 個々の顧客ニーズに合わせたカスタマイズ応答
- 顧客満足度向上のための迅速な問題解決

　APIを使って自社のウェブサイトやアプリの中にチャットbotを組み込んでおくことによって、24時間対応の顧客サポートが可能になります。問い合わせに迅速に対応して個々のニーズに合わせたカスタマイズ応答ができるので、顧客満足度を向上させることにつながります。

内部コミュニケーションの強化

　次のような項目で、ChatGPTが内部コミュニケーションの強化をもたらします。
- 社内コラボレーションツールとの連携
- 質問や懸念事項への迅速な対応
- チーム間の情報共有と意思決定の促進

社内のコラボレーションツールと連携したり、ChatGPT自体を社内コミュニケーションツールという形で使ったりすることで、社員同士のコミュニケーションが円滑になります。質問や懸念事項が出てきたときは、ChatGPTに回答をアウトプットさせることで、問題解決をスムーズに進められるようになります。他にも、チーム間の情報共有や意思決定など、あらゆる面での内部コミュニケーションを効率的に行えるようになってくるのではないでしょうか。

コミュニケーションの新たな可能性

次のような項目で、ChatGPTがコミュニケーションの新たな可能性をもたらします。

- クリエイティブなアイデアやコンセプトの共有
- ビジネス上の交渉や協議の効率化
- 情報のアクセシビリティ向上による知識の共有

言語化が難しかったクリエイティブなアイディアやコンセプトの共有が、ChatGPTを使うことでスムーズに行えるようになります。また、自分たちでは想像もしなかったようなアイディアまでアウトプットしてくれることもあるので、イノベーションが促進されるという利点もあります。

また、社内で何かを開発しているような会社では、交渉ごとが複雑になってくるものですが、その過程をわかりやすく整理していくのはかなりの労力が必要でした。今後はChatGPTを使って効率化していくと共有しやすくなるでしょう。共有までのタイムラグを短くすることで、社内の意思決定が早まっていきます。関係者の間の中で知識の共有をしっかりしていくと、組織全体で学び合うという文化も醸成され、よりビジネスが加速していきます。

業務効率化の実現

Section
02

ChatGPTを使った業務効率化は非常におすすめです。コスト削減や時間短縮など、ビジネスにとって重要な成果が生み出されるでしょう。

ChatGPTで業務効率化する未来

次は業務効率化という側面から見た進化です。ChatGPTにより、次のような業務効率化の実現が起こっています。

- 管理業務の効率化
- 情報収集と分析の高速化
- 社内研修教育の最適化
- 知識管理と共有の改善
- 業務プロセスの最適化

ChatGPTがもたらす業務効率化について、一つずつ解説します。

管理業務の効率化

ChatGPTの登場により、業務効率化の実現が起こっています。具体的には次のような業務が効率化されます。

- 書類作成の自動化（報告書やプレゼンテーション資料など）
- スケジュール管理やタスク割り当ての最適化
- 会議の効率化（議事録の自動生成、アジェンダの最適化）

ChatGPTを使用すると、書類作成やスケジュール管理などの管理業務が効率化できます。例えば、報告書やプレゼンテーション資料の作成のヘルプをChatGPTに頼ることで、手間が省け時間を節約できます。

スケジュール管理やタスクの割り当てもChatGPTに最適化してもらうことで、社員が効果的に働けるようになります。会議のシーンでは、議事録やアジェンダの最適化にも役立ってくれます。

情報収集と分析の高速化

次のような情報収集と分析の高速化のシーンで、ChatGPTが活躍します。

- データや文献の自動検索、要約、分析
- 市場調査や競合分析の効率化
- ビッグデータ活用による意思決定の高速化

データ文献の検索、要約、分析は、人力でやるよりも格段に早く処理できるので、市場調査や競合分析などの情報収集、情報分析が効率的に行われます。

手元にあるデータベースを活用する場合は情報漏洩の観点を考えないといけませんが、迅速な現状把握や意思決定が可能になるのは、ビジネスにとって大きな魅力です。

社内研修教育の最適化

ChatGPTを使うことで次のようなことが実現し、社内研修・教育が最適化されていきます。

- 個別の学習ニーズに応じたカリキュラムの提案
- 自動生成される質問や課題での理解度チェック
- 従業員のスキル向上に応じた適切な業務割り当て

それぞれの社員の学習ニーズに応じたカリキュラムをChatGPTに提案させるのはもちろん、理解度チェックのための質問や課題まで自動生成することで、効果的な学習が実現できます。

　さらに、従業員のスキル向上に応じた適切な業務割当にもChatGPTのアウトプットを生かしていけるでしょう。

知識管理と共有の改善

　ChatGPTを使うことで次のようなことが実現し、社内の知識を管理するときや他の人に共有するときの課題を改善できます。

- 社内の専門知識やノウハウの把握と集約
- 業務に関連する情報への容易なアクセスと共有
- 別部門間協力によるイノベーションの促進

　社員全員が業務に関連する情報にかんたんにアクセスでき、理解できるような共有体制をChatGPTで実現できます。また、これまで難しかった部門を超えた協力もChatGPTにより問題解決され、さらなるイノベーションが生まれる環境作りにつながっていくでしょう。

業務プロセスの最適化

　ChatGPTを使うことで次のようなことが実現し、社内の業務プロセスが最適化されます。

- 業務プロセス分析と改善提案
- チームの生産性向上に向けた最適なワークフローの提案
- 業務効率化によるコスト削減と時間短縮

業務プロセス分析や改善提案をアウトプットしてもらい、チームの生産性を向上させるような使い方ができるでしょう。最適なワークフローの提案を出してもらい、現場に反映させていくことで業務が効率化し、コストの削減や労働時間の短縮の実現につながります。

Section
03

イノベーションと
新規事業の創出

ChatGPTを使ったイノベーションと新規事業の創出には、多くのメリットがあります。今後ChatGPTを活用して競争力を高める企業や組織が増えていくでしょう。

ChatGPTとイノベーションや新規事業の創出

次はイノベーションや新規事業の創出という側面から見た進化です。具体的には次のようなことが実現します。

- 管理業務の効率化
- 情報収集と分析の高速化
- 社内研修教育の最適化
- 知識管理と共有の改善
- 業務プロセスの最適化

既に行っているという企業や組織も多いと思いますが、ChatGPTを使うことにより、今以上にスピード感が出てきます。効率的に新しい価値を創造して、競争力を高めていけるでしょう。

アイデア創出の支援

アイデア創出に役立てるため、ChatGPTは次のようなことができます。

- ブレインストーミングの効率化
- チーム間でのアイデア共有と評価
- 異なる視点からのインスピレーション提供

私がChatGPTを使っていく中で、個人的に最もメリットに感じているのがこの「アイデアの創出の支援」という部分です。ブレインストーミングで新しい事業のアイデアを出してもらうと、自分やメンバーの中からは出てこなかったアイデアが生まれてきて驚くこともよくあります。自分たちにない異なる視点からのインスピレーションが得られるChatGPTを、アイデア創出に使っていきましょう。

プロトタイプ開発の加速

　プロトタイプ（試作品）開発の場面で、ChatGPTが次のようなことに役立ちます。

- 要件定義や設計案の自動生成
- フィードバックの効率的な収集と分析
- プロトタイプ改善のスピードアップ

　要件定義や設計案をChatGPTにアウトプットしてもらい、そこからプロトタイプを作っていくことができます。よかった点悪かった点などのフィードバックの分析も、ChatGPTなら効率的に行えるので、これを繰り返していくことで商品化するまでの過程が従来よりも早いスピードで進みます。

ビジネスモデル開発

　ビジネスモデル開発の場面で、ChatGPTが次のようなことに役立ちます。

- ビジネスモデルの自動生成と評価
- 市場環境や競合分析をもとにした戦略立案
- 収益性の予測とリスク分析

　ビジネスモデルの生成に使えるのはもちろん、その評価や市場の環境、

競合の分析などにも役立つので、戦略立案に使えます。これまでは戦略を考える際に相談する相手は専門家しかいませんでしたが、ChatGPTがあるレベルまではやってくれるようになりました。

　収益性の予測やリスク分析なども実施できるので、今後は専門家がいなくても安定した新規事業を展開できるようになっていくでしょう。

パートナーシップと協業の促進

　何か事業をするうえでは、パートナーシップを結んだり協業していく場面が出てきます。このような場面でも、ChatGPTは次のようなことに使えます。

- 適切なパートナー企業の推奨
- 効果的な連携方法の提案
- 協業による新たな価値創造の発掘

　パートナー企業を探しているときのオファー先の推薦や、適切な連携方法を提案してもらえます。協業のコラボレーションによる価値創造の発掘アイデアのアウトプットにも利用すれば、思いがけない新規ビジネスが生まれるかもしれません。

イノベーションの推進と組織風土の醸成

　新規事業を創出できる組織に必要なのは、アイデアだけではありません。イノベーションを推進するよい会社の雰囲気や風土があってはじめて、いいアイデアが生まれ、サービスが生まれていきます。組織風土醸成のためにChatGPTが次のようなことに役立ちます。

- 社員の創造性とチャレンジ精神を育む環境の提供
- 成功事例や失敗からの学びの共有と活用

大きな組織になればなるほど意識共有が難しくなりがちですが、ChatGPT
を活用すると部門をまたいだチームワークが作れます。「こっちの部門では
こういうことを考えている」ということをうまくまとめて他の部門に発信
する文化が組織内で生まれると、チームワークが生まれ、社員の創造性や
チャレンジ精神が育まれます。

　これまでは積極的に発信できない、うまく表現できないというような人
であっても、ChatGPTがあればアウトプットが容易になります。

　成功事例や失敗事例も共有されることになるので、イノベーションを追
求する姿勢が組織全体に広まっていくでしょう。

人材の育成とスキルアップ

Section

04

ChatGPTを自己成長の促進に活用しましょう。個人の学習サポートやメンタリング
キャリア開発などの人材の育成や、スキルアップの支援に役立ちます。

人材の育成とスキルアップについての取り組み

　次は人材の育成とスキルアップという側面から見た進化です。ChatGPT
を使うことにより、具体的には次のようなことが実現します。

- 個人の学習サポート
- メンタリングキャリア開発
- チームビルディングと社内コミュニケーションの強化
- 人事戦略と組織の成長

　個人のスキルアップだけでなく、それを通じてグループチームとしての
意識改革、組織全体の効率化まで図れるようになるでしょう。

個人の学習サポート

　人材育成やスキルアップ支援サポートの場面で、ChatGPTが次のような
ことに役立ちます。

- 質問への瞬時な回答提供
- 自己学習の効率化
- 学習資料のカスタマイズと推奨

ChatGPTを使うことで、自己学習が効率化されます。学習する資料の要点をまとめる、重要な箇所をピックアップしてもらうなど、自分に合った効果的な学習方法ができるので、自己成長を促進させられます。これまでの独学よりも自分のペースや理解度に合わせて学習できるChatGPTを使った学習は、学ぶ側にとってやりやすい環境だといえます。

メンタリングとキャリア開発

メンタリングやキャリア開発の場面で、ChatGPTが次のようなことに役立ちます。

- 職員のキャリア目標の理解とサポート
- 経験豊富なメンターとのつながり提供
- パーソナライズされたキャリア開発プラン作成

社内に自分のメンターを見つけたいと思った場合、今の自分の状況や情報をChatGPTに伝えて、どんな人に相談すればいいかを提案してもらうという方法が考えられます。直属の先輩に相談をしたらいいとか、離れた部署の人に相談したらいいとか、思いも寄らないいいメンターに出会える可能性があります。

これまでのキャリアを入力することにより、今後の自分のキャリア開発のプランも提示してもらえます。これからのキャリアをどうしていくべきか悩んだときに参考するという使い方もあります。強みを伸ばすのか、弱みを削っていくのかのように社員一人一人が自分のキャリアを考えて充実させられるので、結果的に組織全体のモチベーション向上につながります。

チームビルディングと社内コミュニケーションの強化

チームビルディングと社内コミュニケーションを強化したいという場面では、ChatGPTが次のようなことに役立ちます。

- チーム内のコミュニケーションを促進
- 社員間の理解と協力を深める活動提案
- 効果的なフィードバックのやりとりをサポート

　チーム内のコミュニケーションを強化していくときには、ChatGPTに社員間の理解と協力を深める活動を提案してもらう、効果的なフィードバックのやり取りをサポートしてもらうなどの活用ができます。実際に組織の中でこんなコミュニケーションが行われているということをプロンプトに含めて伝え、うまく進めるために何をしたらいいのかをアウトプットしてもらいましょう。業務遂行能力が高まり社内コミュニケーションが円滑になると、アイデア創出がスムーズになっていきます。

人事戦略と組織の成長

　人事戦略と組織の成長を促したいとき、ChatGPTを次のように使うといいでしょう。

- 適切な人材配置と役割分担の提案
- 社員の長所や潜在能力を活かす戦略立案
- 組織全体のスキルアップと人材育成の実現

　現在の人材配置や役割分担に課題がある場合は、ChatGPTにそれを入力して適切な人材配置や役割分担をアウトプットしてもらいましょう。「それぞれの従業員の長所とか潜在能力を生かすような戦略を立案してください」というようなプロンプトを入力することによって、参考になる提案を出してくれます。

マーケティングと
ブランディング

ChatGPTはマーケティングとブランディングにおいても役立つツールです。顧客体験やブランド価値の向上を促進し、競争力の強化につながります。

マーケティングとブランディングについて

マーケティングとブランディングにChatGPTが役に立つということは、ここまでの内容ですでにご理解いただいていると思います。

- 顧客対応の向上
- コンテンツ作成の効率化
- 市場調査や戦略立案
- ソーシャルメディア戦略の強化
- ブランドストーリーの伝達

など、マーケティングとブランディングの面でも、ChatGPTは企業の競争力を高めてくれる強力なツールとなります。皆さんのビジネスのマーケティングとブランディングでも、ChatGPTをうまく活用していただければと思います。

顧客対応の向上

顧客サポートや顧客対応は企業の顔ともいえる重要な部分であることは、皆さんご存知のとおりです。例えば次のような、これまで人的リソースを投入していた顧客対応がChatGPTに任せられます。

- ChatGPTを利用したカスタマーサポートの効率化
- 顧客ニーズの理解と適切な対応
- よりよい顧客体験の提供

　例えば、よくある質問に対して、ChatGPTが迅速かつ適切な回答を提供できます。お客様からちょっと答えにくい質問が来たときも、その質問そのものを一度ChatGPTに投げて、どういうふうに答えたらいいのかを相談すると適切な言葉をアウトプットしてくれます。その際には、自社商品やサービスの詳細、今までの業務展開、背景などを含めたプロンプトを入力するといいでしょう。

　手間が省けるだけでなく、顧客のニーズに合わせた個別対応が可能なので、よりパーソナライズされたカスタマーサービスが提供できます。顧客満足度は向上し、顧客体験もよくなるので、商品やサービスがより喜ばれるようになるのではないでしょうか。

コンテンツ作成の効率化

　コンテンツ作成の効率化の場面では、ChatGPTが次のようなことに役立ちます。

- クリエイティブなコンテンツ生成
- ターゲットに合わせたカスタマイズ
- SNS投稿やブログ記事の効果的な作成

　本書で見てきたとおり、コンテンツ作成はChatGPTが最も得意とする分野です。ただコンテンツが作成できるだけでなく、「誰々に向けてこういう情報を発信したい」というプロンプトを入力することによって、ターゲットに合わせたクリエイティブコンテンツをアウトプットしてくれます。SNSの投稿やブログ記事、プロモーション広告コピーなど、効果的なコンテンツ作成が求められるあらゆる場面でChatGPTはふんだんに力を発揮してく

れるでしょう。

　コンテンツ作成のために頭を悩ませる時間が大幅に短縮されるだけでな
く、キャンペーンや広告の成果の向上も見込まれます。

市場調査と戦略立案

　市場調査と戦略立案の場面では、ChatGPTが次のようなことに役立ちま
す。

- ChatGPTによるデータ収集と分析
- 顧客の嗜好やトレンドの把握
- 競合分析と戦略的アプローチの策定

　ChatGPTを使うとデータの収集や分析が容易になります。これまで専門
家に頼っていた競合分析や戦略的アプローチの策定もChatGPTにサポート
を受けながら自身で作っていけるようになるでしょう。

　特に消費者の感情分析や顧客セグメントの特定には役立ってくれます。
購買データの中のデモグラフィックデータやお客様からもらった感想のテ
キストをプロンプトにすることによって、どんな感情でユーザーが使って
くれているのか、どういう人が自社の商品を使っているのかなどの分析が
可能になります。

ソーシャルメディア戦略

　ソーシャルメディア戦略の場面では、ChatGPTが次のようなことに役立
ちます。

- ソーシャルメディアでの顧客エンゲージメントの強化
- ターゲット層とのコミュニケーションの最適化
- オンラインでのブランドイメージの構築

ソーシャルメディアが現在のマーケティングにおいて非常に重要なチャンネルになっていることは、皆さんご存知のところです。ソーシャルメディア戦略にChatGPTを活用することで、適切なタイミングでの投稿や適切なターゲット層、ターゲット層に対する効果的なコンテンツの作成まで行えます。しかも、自分の頭で考えて行うよりもフォロワー数やエンゲージメント数の向上が期待できます。

　さらに、コメント欄やAmazonレビューなどから得られた意見を分析してもらうという使い方も可能なので、ここから改善点や新たな可能性が見つかる場合もあるでしょう。

ブランドストーリーの伝達

　ChatGPTをうまく使って、自社のブランドの魅力を最大限に引き出していきましょう。

　例えば、ChatGPTを活用して次のようなことを行うことで、消費者が抱える懸念や疑問に対応して、ブランドへの理解を深められます。

- 説得力のあるブランドストーリーの作成
- 顧客との感情的なつながりの構築
- ブランド価値の向上

　ブランドストーリーとは、自社のブランド・商品・サービスを作った背景を物語にしたものです。自社の想いや作り上げるまでの過程などを魅力的なストーリーにまとめるのは難しいことでしたが、うまくChatGPTを活用すれば、ブランドの価値や背景を効果的に伝えるコンテンツを作成できます。

あとがき

　最後までお読みいただき、誠にありがとうございました。私が本書を執筆するに至った動機は一つです。それは、ChatGPTの持つ広大な可能性を一人でも多くの人々に伝え、そしてその活用法を深く理解していただくことでした。

　第1講から始まり、あなたと一緒にChatGPTの世界を探求してきました。私たちは、ChatGPTというAI技術がどれほどのポテンシャルを持っているのか、そしてそれが私たちの生活やビジネスにどのような影響を及ぼすのかを一緒に学びました。

　ChatGPTはただのAIではありません。それは私たちの言葉を理解し、私たちに代わって思考し、そしてコミュニケーションを取るという能力を持っています。それは新しい形のコミュニケーション、そして新しいビジネスの形を作り出す可能性を秘めています。

　しかし、ここで大切なことを忘れてはなりません。それは、技術そのものが全てを解決するわけではない、という事実です。大切なのは、それをどう活用するか、どう組み合わせるか、どう創造的に扱うか、です。そしてそれこそが、私たち人間の持つ無限の可能性でもあります。

　本書は、ChatGPTについて初めて学ぶ方々にもわかりやすいという視点から書きました。ChatGPTのテクノロジーは日々進化し続けています。これからも新たなバージョンが登場し、新たな活用法が出てくることでしょう。その中で本書が皆様自身のアイデアを形にするための一助となれば、これ以上の喜びはありません。

　この世界は、まだまだ未知数の部分が多いです。しかし、それは同時に新たなチャンスでもあります。本書を手にとったことから、あなたがChatGPTの世界を探求するキッカケにしていただけると嬉しいです。そして、その探求が皆様の人生やビジネスに新たな価値をもたらすことを心から願っています。

　本書を執筆する過程で私自身が学んだことも多く、それをあなたと共有できたことを大変嬉しく思います。最後に、本書の完成に至るまでの多大なるご協力とサポートをいただいたすべての方々に心より感謝申し上げます。また、この本を手に取り、そして最後まで読んでくださったあなたにも、深く感謝いたします。

株式会社ウェブタイガー

田村 憲孝

著者紹介

田村 憲孝（たむら のりたか）

株式会社ウェブタイガー代表取締役
一般社団法人ウェブ解析士協会「SNSマネージャー養成講座」運営代表

2010年より企業や地方自治体のSNS運用サポート。全国各地でSNSの有効活用について講演・研修活動も行っている。2014年よりLinkedInラーニングでSNS担当のトレーナーとして出演。ChatGPTを活用したSNS運用サポートを展開中。

・著書
『FACEBOOK&INSTAGRAM&TWITTER広告 成功のための実践テクニック』（ソシム）など。

世界一わかりやすい
ChatGPTマスター養成講座

2023年6月26日　初版第一刷発行
2023年6月28日　　　第二刷発行

著　者　　田村 憲孝
発行者　　宮下 晴樹
発　行　　つた書房株式会社
　　　　　〒101-0025　東京都千代田区神田佐久間町3-21-5　ヒガシカンダビル3F
　　　　　TEL. 03（6868）4254
発　売　　株式会社三省堂書店/創英社
　　　　　〒101-0051　東京都千代田区神田神保町1-1
　　　　　TEL. 03（3291）2295
印刷／製本　モリモト印刷株式会社